瘦了小腹

濱內千波

瑞昇文化

攝取一匙橄欖油就能促進脂肪燃燒、消除便秘！

減少油脂成分之攝取，一想到減重瘦身，
大部分人的腦子裡就會率先浮現這句話吧！
事實上，過度地降低油脂成分之攝取，
很可能導致肌膚變粗糙，致使細胞或血管提早老化，
即便體重減輕了，還是不能瘦得健康又美麗。

攝取好品質油脂才能瘦得健康又美麗。
橄欖油不易氧化，
油酸含量高達 70%，
攝取後就能幫忙打造不易發胖的體質。
所含多酚成分又能促進脂肪燃燒，
美化肌膚或抗老化效果都非常值得期待。

濱內式減重瘦身法就是著眼於橄欖油的種種作用，
再加上可在美容或健康上提供絕佳支援的食材後，
成功開發的嶄新減重瘦身法，
大量使用抗氧化效果絕佳的蔬菜，
多花些心思將富含 DHA、EPA 成分的魚類食材烹調得更美味，
再以橄欖油取代肉類油脂或奶油等動物性脂肪後彙整成食譜，
積極地設法降低熱量之攝取。

「希望瘦得健康又美麗」，懷抱這個夢想的人，
建議您將橄欖油的能量納入日常飲食吧！
方法簡單又不麻煩，只需每天攝取一湯匙橄欖油，
就能輕輕鬆鬆地達成減重瘦身的目標。

濱內千波

CONTENTS

PART 2
晚餐喝「湯＋橄欖油」而成功打造不發胖的體質！

PART 3
餐前吃「蔬菜沙拉＋橄欖油」而順利達成減重瘦身目標！

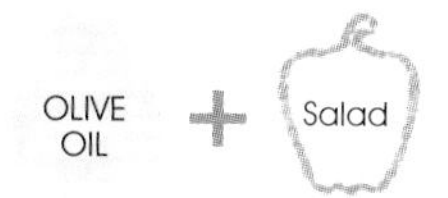

PART 4
吃「魚＋橄欖油」而攝取到好品質油脂成分，瘦得健康又美麗！

PART 5
以「雞肉＋橄欖油」烹調吃起來美味又健康的餐點！

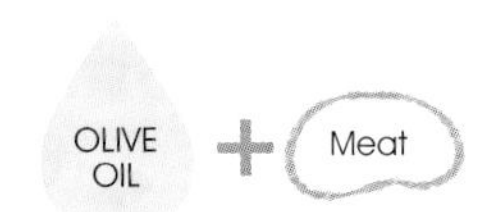

PART 6
以「蔬菜＋橄欖油」搭配穀類食材打造不發胖體質！

OLIVE OIL ＋ Sweets

本書中採用份量 ・ 器具相關記載

○書中記載容量為1杯＝200mℓ、1大匙＝15mℓ、1小匙5mℓ。
○米1杯＝量杯180mℓ。
○太白粉水1小匙係以½小匙太白粉和½小匙水調成。
○書中使用鐵弗龍材質的平底鍋。
○記載熱量(kcal)為1人份。

序

利用「橄欖油清新料理」來減重瘦身的原理為何？

如何將具備減重瘦身作用的橄欖油烹調得更美味，
以便長期持續地攝取呢？
濱內式橄欖油減重瘦身法就是針對這個問題做最深入探討後彙整而成。

1 大匙為 111kcal，
橄欖油的熱量其實並不低，
不過，本書中介紹的食譜完全是以低熱量食材組合成果汁、湯品及各色料理。

此外，還巧妙地加入健康、美容效果俱佳，
以及具備抗氧化作用的食材！
利用胡蘿蔔素、多酚、維生素C・E等成分的能量，
排除易讓人老化的活性氧，
以打造苗條、健康又有活力的好身材。

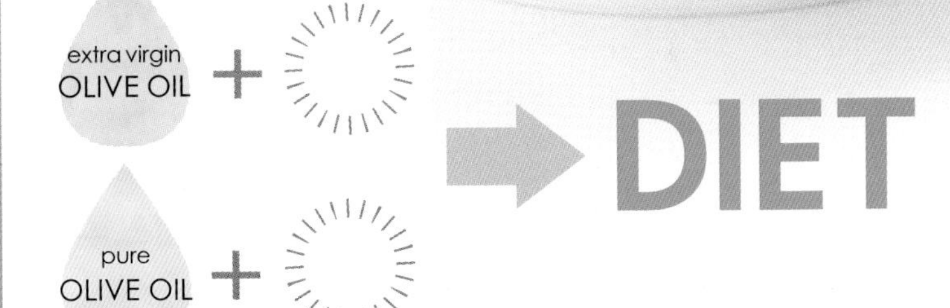

一天1匙
就輕鬆地達到
減重瘦身的效果！

「1 大匙橄欖油」的神奇力量

想成功地減重瘦身，不能一昧地減少熱量之攝取，
而是必須攝取好品質的「油脂」成分。
減重瘦身過程中最容易對高熱量的油脂敬而遠之，
問題是過度地降低油脂成分之攝取，很可能導致肌膚變粗糙，
甚至連排便都不順暢。
因此，近年來，橄欖油越來越受矚目！
每天攝取 1 大匙橄欖油，除減重瘦身效果外，
還具備預防動脈硬化、消除便秘等作用。
橄欖油為什麼會具備減重瘦身的效果呢？
因為橄欖油富含以下介紹的這三種成分，一起來看看吧！

1 可打造不易發胖體質的「油酸」

橄欖油成分中 70％以上為油酸（單元不飽和脂肪酸），最大特色為不易氧化，具備強化胰島素作用，避免體內堆積脂肪，打造不易發胖體質等作用。

2 攝取後可排除體內毒素的「油脂」

攝取「油脂」成分即可促進排便，消除腹脹等現象。加速排出體內毒素除具備排毒效果外，亦具備減重瘦身或美化肌膚等作用。

此外，對於預防糖尿病、動脈硬化也會有好的影響。

3 可促進體內脂肪燃燒的「多酚」

橄欖油喝起來有點苦澀味，該味道就是「多酚」成分。橄欖的果實富含抗氧化物質而不容易氧化。

多酚具備促進腎腺上素分泌，刺激交感神經以加速脂肪燃燒等作用。

多酚還具備破壞膽固醇氧化作用，和油酸一起防止動脈硬化等作用。橄欖油除具備減重瘦身效果外，和健康長壽也息息相關。

加入果汁或湯裡，「只是喝」就能達到減重瘦身的效果

將橄欖油直接喝下肚也能達到減重瘦身的效果，
問題是橄欖油喝起來苦又澀，
要長期持續地喝實在有困難。
因此本書中介紹了許多食譜，建議您將橄欖油加入果汁或湯裡，
利用橄欖油中所含抗氧化物質（油酸、多酚等），
以及蔬菜、水果中所含抗氧化物質
（植物化學成分、維生素A・E・C），
激盪出最令人期待的雙重減重瘦身效果，
將果汁和湯品調理得更順口，
即可養成長期持續地攝取的習慣。

1 該喝哪種橄欖油呢？

建議喝特級冷壓初榨橄欖油

以生鮮蔬菜、水果調理果汁或湯品時，建議調理後淋上特級冷壓初榨橄欖油。

特級冷壓初榨橄欖油為橄欖果實摘取後直接榨汁、過濾，不經過精製處理，狀態最新鮮，味道最豐富的橄欖油。

2 橄欖油該什麼時候喝呢？

建議餐前喝

用餐前喝橄欖油，油酸成分發揮作用後，大腦就會產生飽足感而降低食物的攝取量。

其次，用餐前吃下橄欖油和蔬菜一起調理的菜餚，就會產生「蔬果優先」的作用，達到餐後血糖不升高，不會形成易胖體質等效果。

3 一次該喝多少呢？

一天最好以 2 大匙為限

喝橄欖油確實具備減重瘦身的效果，但還是禁止攝取過量！因為橄欖油的熱量相當高，攝取過量可能造成減重瘦身的反效果。順便提醒，1 大匙橄欖油的熱量為 111kcal。

想 1 天喝 2 大匙的人，建議分成兩次喝。從果汁或湯品攝取 2 湯匙後，煮菜時就別再使用橄欖油。

菜餚或白飯加上橄欖油，「只是吃」就能減重瘦身

據近年來的研究報告顯示，
採用可大量攝取到橄欖油的「地中海料理」飲食方式的人，
其抗氧化能力（消除活性氧的能力）比較強。
「地中海料理」係指大量使用富含油酸或多酚的橄欖油，
以蔬菜、水果、魚類、雞肉、豆類、堅果類為主，儘量不攝取
動物性脂肪（飽和脂肪酸）的飲食方式。
接下來將針對橄欖油的減重瘦身效果，
加上這類食材，
提出可讓人瘦得更漂亮的食譜。

1 橄欖油加上…… 顏色較深的蔬菜和豆類食材

含 β 胡蘿蔔素的黃綠色蔬菜，含茄紅素的番茄，含花青素的藍莓……都是抗氧化作用絕佳，減重瘦身效果非常好的成分。

其次，豆類除富含食物纖維成分外，促進糖分代謝的維生素 B_1、促進脂肪代謝的維生素 B_2 等成分也很豐富，攝取後即可打造容易燃燒脂肪的體質。

2 橄欖油加上…… 魚或雞肉

以橄欖油（不飽和脂肪酸）取代動物性脂肪（飽和脂肪酸），換成身體覺得美味可口的菜單，這就是橄欖油減重瘦身的訣竅。

好品質蛋白質為減肥之基本。攝取蛋白質後就會因為肌肉量增加，基礎代謝能力上升，脂肪更容易燃燒而打造不易發胖的體質。

肉類部分建議吃雞肉，因為雞肉的脂肪都集中在雞皮部位，因此輕易地就能在食前去除。其次，吃豬肉時建議吃瘦肉。選用脂肪較少的部位時，加上橄欖油後就能調理得很美味，不會讓人感到太過淡口。

3 橄欖油加上…… 適量穀類食材

減重瘦身過程中有些人完全不碰白飯、義大利麵或麵包等，這是非常危險的作法。

碳水化合物為人體的能量來源。採用極端的減重瘦身法時，易出現精神疲累、身體狀況失調等現象。添加橄欖油，餐後血糖值就會緩慢上升，輕易地打造不易發胖的體質。

橄欖油的種類&區分運用要點

面向地中海的國家（義大利、西班牙、希臘、葡萄牙）最喜歡使用橄欖油。最具代表性的橄欖油為「特級冷壓初榨橄欖油」和「純淨橄欖油」兩種。

特級冷壓初榨橄欖油為新鮮橄欖果實榨汁、過濾後，不經過精製處理（化學處理），100g 橄欖油中酸度（游離脂肪酸）低於 0.8%的初榨橄欖油。

顏色為略帶綠色的金黃色，橄欖油風味非常濃厚。味道非常有特色，有的吃起來有苦味，有的則是辛辣味。

純淨橄欖油係以精製橄欖油和冷壓初榨橄欖油調配而成，風味已經調整到非常容易入口。

顏色為淡淡的乳白色，任何廠牌都一樣，味道或香味並無太大差異。

區分運用要點必須視生食或熱食而定。特級冷壓初榨橄欖油適合用於調理果汁或蔬菜沙拉等生食，純淨橄欖油適合炒菜等烹調熱熱的餐點時採用。

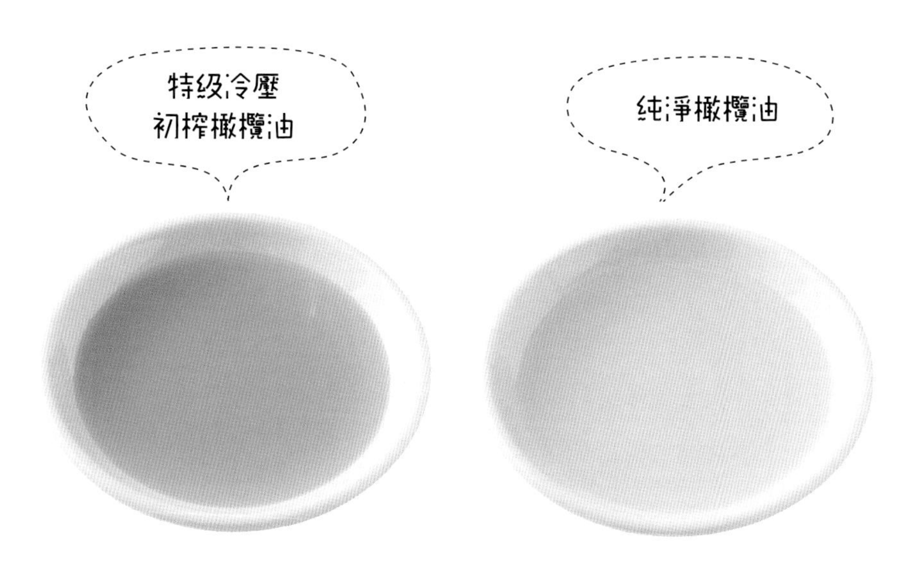

義大利生產

Bartolini

特級冷壓初榨橄欖油
D. O. P

Umbria 地區生產

原產國　義大利

特　徵　100%使用義大利中部 Umbria 地區生產的橄欖油。必須通過非常嚴格的檢驗以取得原產地證明（D.O.P）。

味道·香氣　散發濃郁果香味。怡人香氣中略帶辛香氣息。

容　量　229g

進口商　東京歐洲貿易株式會社　TEL. 045-329-2390

經銷商　成城石井、福屋食品館 FRED、KAJIMART 名鐵 MZA 店

alce nero

有機特級冷壓初榨橄欖油

DOLCE

原產國　義大利

特　徵　alce nero 為有機食品製造商之先驅。這是以手摘方式取得有機橄欖後，以冷榨（低溫壓榨）技術取得的初榨特級橄欖油。

味道·香氣　無特殊味道，質地清新溫和，散發著花香調香氣。

容　量　229g

進口商　日法貿易株式會社東京本社 TEL. 03-5510-2662

經銷商　紀伊國屋、成城石井、AEON

義大利生產

FRESCOBALDI LAUDEMIO
特級冷壓初榨橄欖油

原產國 義大利

特　徵 這是於翡冷翠（佛羅倫斯）的名門貴族 FRESCOBALDI 侯爵家的領地 (Toscana) 內製作。以手摘方式採收橄欖後，於 48 小時內榨油，酸度為 0.2%的最高級橄欖油。

味道・香氣 散發初榨果汁般香氣、濃濃的橄欖味及微微的辛辣味，無特別味道，非常適合用於烹調日式餐點。

容　量 460g

進口商 Cherry Terrace　TEL. 03-3780-6808

經銷商 Cherry Terrace、伊勢丹、紀伊國屋、明治屋

西班牙生產

BIOCA
有機特級冷壓初榨橄欖油

原產國 西班牙

特　徵 100％使用有機栽培的 Hojiblanca 品種橄欖。小心地採收後以低溫壓榨 (cold press) 技術於 6 小時內處理成橄欖油。

味道・香氣 充滿果香味，散發任何人都會喜歡的香氣。

容　量 227g

進口商 BIOCA 株式會社　TEL. 0120-705-123

經銷商 西友、成城石井、稻毛屋

希臘生產

nefeli

有機特級冷壓初榨橄欖油〈低溫壓榨〉

原產國 希臘
特　徵 使用 Crete 島栽培的 Koroneiki 種橄欖。採收新鮮的果實，並於幾小時內就榨成油。經過 25 ～ 28℃低溫萃取。小心地採收，僅使用完全成熟的橄欖。
味道・香氣 味道清新，散發果香味，推薦給不喜歡苦味的人使用。
容　量 458g
進口商 東京歐洲貿易株式會社　TEL. 045-329-2390
經銷商 成城石井、FRESSAY

橄欖油相關知識

Q 橄欖油該如何保存呢？
A 建議存放在陰涼的場所，避免直接照射到陽光。橄欖油放入冰箱時易呈白濁狀態，因此建議存放在常溫環境下。

Q 呈白濁狀態的橄欖油還能使用嗎？
A 橄欖油呈白濁狀態或出現凝固現象時，經過加熱就會還原，可繼續使用。

Q 橄欖油開封後還可存放多久呢？
A 大概還可存放三個月，但，還是及早使用為宜。

Q 橄欖油可做為油炸食材的炸油嗎？
A 橄欖油為高溫加熱也不容易氧化的油，但因為好的橄欖油價格不便宜，所以建議採用半煎炸方式。

※ 各商品名稱均依據瓶罐上之記載。
※ 各廠牌純淨橄欖油味道和香氣通常大同小異，因此書中僅介紹特級冷壓初榨橄欖油。
※ 可能因地區或時期關係而無法取得橄欖油，建議洽詢附近的店家。

PART1 OLIVE OIL + Juice

早餐喝「果汁+1匙橄欖油」而一整天不發胖！

早餐應積極地攝取維生素C含量較高的水果，
或抗氧化物質較豐富的蔬菜。
再加上特級冷壓初榨橄欖油，
即可大幅提昇減重瘦身的效果！
既可促進胡蘿蔔素之吸收，
而且吃少量就充滿著飽足感。
建議早餐加上這一杯！
以全新的概念養成減重瘦身的好習慣。

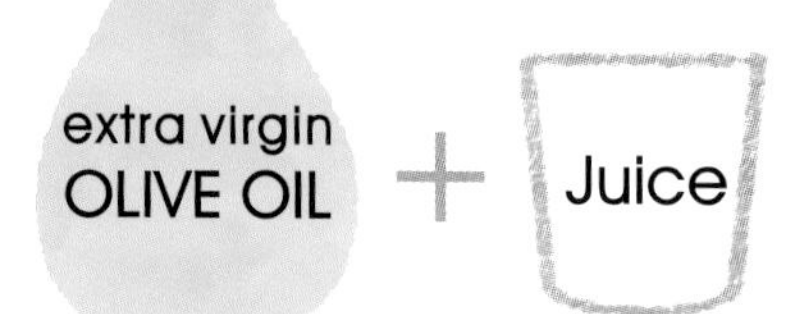

番茄中的「**茄紅素**」、橄欖油中的「**油酸**」都是促進代謝的好幫手。

新鮮番茄汁

材料（1 杯份）

番茄……………………1 顆（200g）
橄欖油…………………1 大匙

作法

1 摘除蒂頭後將番茄切成一口大小。
2 將步驟 1 打成果汁。
3 將果汁倒入容器裡，添加橄欖油後攪拌均勻。

重點整理

100％新鮮番茄果汁的胡蘿蔔素、維生素 C、非水溶性膳食纖維含量都高於市售番茄汁。

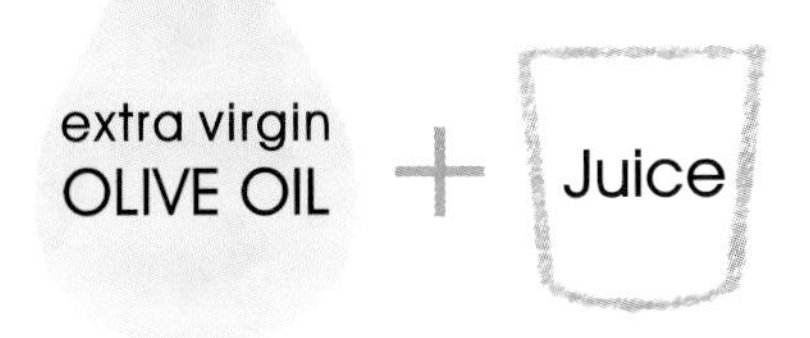

菠菜的「**葉酸**」具備活化新陳代謝機能作用，蘋果的「**鉀**」具備消除浮腫等效果。

菠菜蘋果汁

材料（1 杯份）

菠菜……1/4 把（50g）
蘋果……1/4 個（50g）
水……1/2 杯
橄欖油……1 大匙

作法

1 菠菜大致切成小段，蘋果切除核心後連皮一起切成一口大小。
2 將步驟 1 和水一起打成果汁。
3 倒入容器裡，添加橄欖油後攪拌均勻。

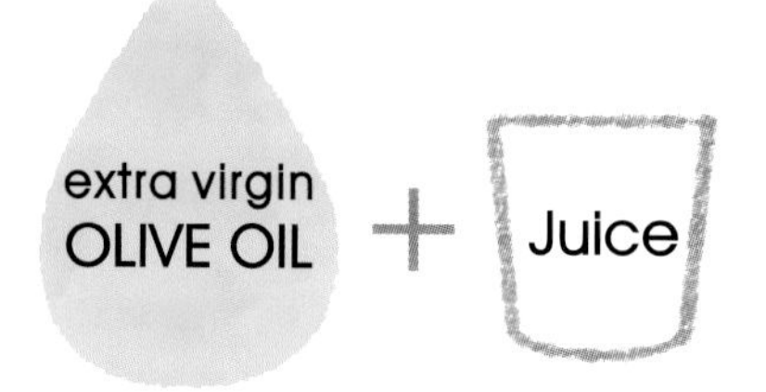

小松菜、西洋芹、奇異果都是富含「**胡蘿蔔素**」成分，抗氧化作用非常高，攝取後有助於打造美麗肌膚的食材。

小松菜芹菜奇異果汁

材料（1 杯份）

小松菜……1/6 把（30g）
西洋芹……1/3 根（30g）
奇異果……1/2 個（40g）
牛奶……1/2 杯
橄欖油……1 大匙

作法

1 小松菜隨意切小段，西洋芹切成一口大小，奇異果以湯匙挖出果肉。

2 將步驟 1 和牛奶一起打成果汁。

3 倒入容器裡，添加橄欖油後攪拌均勻。

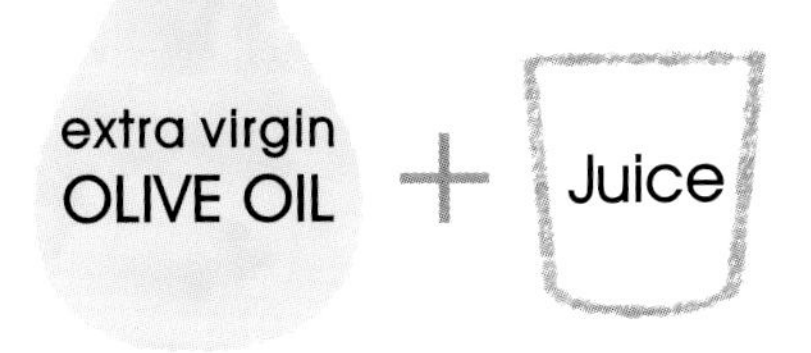

酪梨容易產生飽足感，富含促進代謝作用的**「油酸」**及消除浮腫效果的**「鉀」**成分。

酪梨青椒汁

材料（1 杯份）

酪梨……1/4 顆（40g）
優酪乳（無糖）……3 大匙
青椒……1 個（30g）
水……1/2 杯
橄欖油……1 大匙

作法

1 酪梨挖出種子、剝除外皮，青椒去蒂去籽後大致切塊。
2 將步驟 1、優酪乳、水一起打成果汁。
3 倒入容器裡，添加橄欖油後攪拌均勻。

以抗氧化作用絕佳的蔬菜為首，齊備「**維生素 E**」成分非常豐富的堅果類、具燃燒體脂肪作用的黃豆粉等食材。

甜椒紅萵苣堅果汁

材料（1 杯份）

甜椒（紅）……1/2 個（75g）
紅萵苣……1 片（20g）
綜合堅果……20g
水……1/2 杯
橄欖油……1 大匙

作法

1 甜椒去蒂去籽後大致切塊。紅萵苣剝成小塊。
2 將步驟 1、綜合堅果、水一起打成果汁。
3 倒入容器裡，添加橄欖油後攪拌均勻。

苦瓜香蕉黃豆粉汁

材料（1 杯份）

苦瓜……1/4 條（50g）
香蕉……1/3 根（30g）
黃豆粉……1 大匙
水……1/2 杯
橄欖油……1 大匙

作法

1 苦瓜切除蒂頭，香蕉剝皮後分別切成一口大小。
2 將步驟 1、黃豆粉、水一起打成果汁。
3 倒入容器裡，添加橄欖油後攪拌均勻。

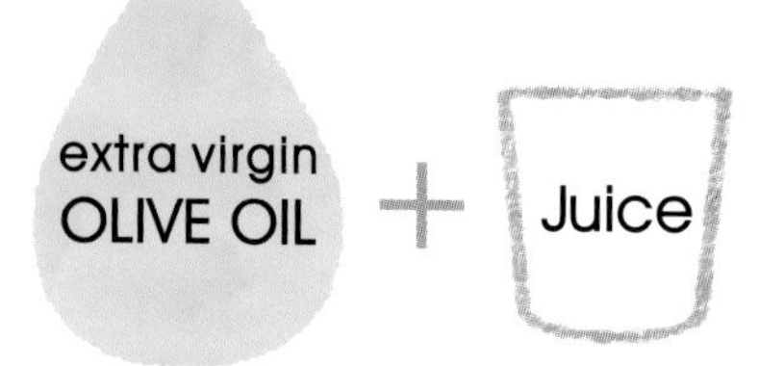

以高麗菜的「**膳食纖維**」改善便秘，以紫色蔬菜或水果的「**花青素**」提昇抗氧化能力。

紫色、白色高麗菜藍莓汁

材料（1 杯份）

紫色高麗菜…………2 片 (50g)
白色高麗菜…………1 片 (30g)
藍莓…………20g
水…………1/2 杯
橄欖油…………1 大匙

作法

1. 紫色和白色高麗菜大致切小片。
2. 將步驟 1、藍莓、水一起打成果汁。
3. 倒入容器裡，添加橄欖油後攪拌均勻。

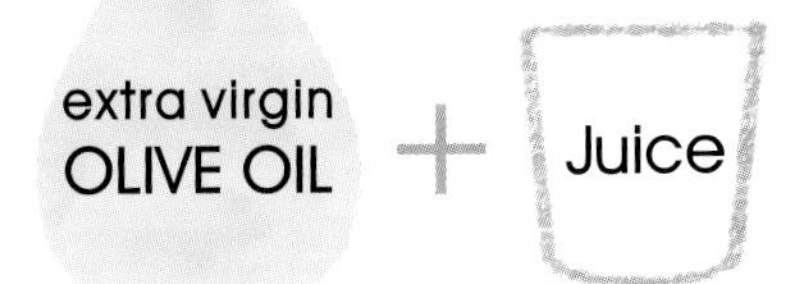

攝取柳橙中的「果膠」即可抑制糖分之吸收，「Synephrine」的燃燒脂肪效果值得期待。

胡蘿蔔柳橙汁

材料（1 杯份）

胡蘿蔔……1/3 根（50g）
柳橙……1/4 個（50g）
水……1/2 杯
橄欖油……1 大匙

作法

1 胡蘿蔔連皮一起切成一口大小。柳橙去皮，不需剝除薄膜，有種籽則去籽。

2 將步驟 1 和水一起打成果汁。

3 倒入容器裡，添加橄欖油後攪拌均勻。

重點整理

胡蘿蔔含會破壞維生素 C 的「抗壞血酸氧化酶」成分，但，添加檸檬酸就能抑制該作用。訣竅是與含檸檬酸的柑橘類或醋一起攝取。

PART2 OLIVE OIL + Soup

晚餐喝「湯＋橄欖油」而成功打造不發胖的體質！

晚餐以富含抗氧化物質的蔬菜為首，
使用具安眠作用的乳製品或豆漿等，
再加上特級冷壓初榨橄欖油，
不必使用肉類或魚類食材，依然能烹調出一道風味香濃，
吃少量就充滿飽足感的餐點。
此外，睡覺前喝湯等吃點溫熱的食物，
既可促進血液循環，
還能幫助睡眠。
好品質睡眠也是減重瘦身秘訣之一。

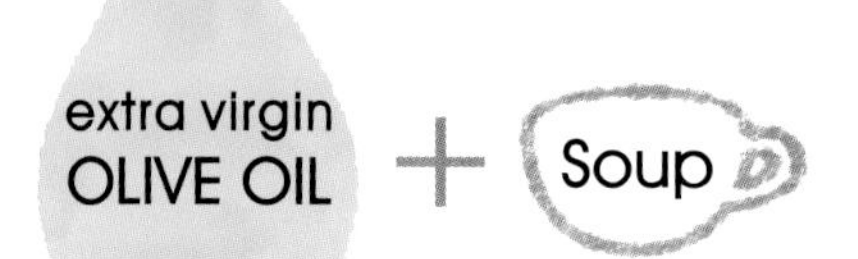

根菜類具備溫熱身體的作用，是減重瘦身的最堅強夥伴！根菜類食材的「**膳食纖維**」也很豐富，亦具備改善便秘效果。

根菜類蔬菜湯

材料（2 人份）

馬鈴薯……1 顆
洋蔥……1/4 顆
牛蒡……1/2 條
胡蘿蔔……1/3 條
昆布絲……抓一小把
醬油……1 小匙
鹽……1/3 小匙
白胡椒……少許
橄欖油……2 大匙

作法

1 馬鈴薯、洋蔥分別去皮，牛蒡連皮一起切成1cm 塊狀。

2 將步驟 1、昆布絲、水（1 又 1/2 杯．份量外）倒入小鍋裡，蓋上鍋蓋後以中火煮熟。

3 加入醬油後以鹽、白胡椒調味，再淋上橄欖油。

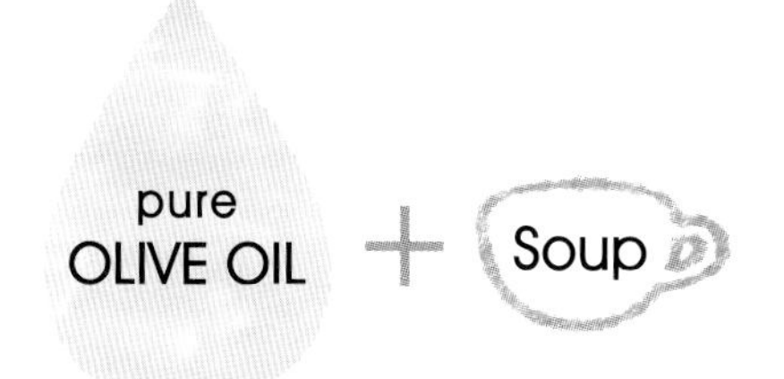

菠菜的「**膳食纖維**」很豐富，「**維生素 B_2**」的燃燒體脂肪效果也很值得期待。

長蔥櫻花蝦菠菜湯

材料（2 人份）

菠菜	1/4 把
長蔥	1 根
橄欖油	2 大匙
櫻花蝦	抓一小把
鹽	1/3 小匙
白胡椒	少許
黑胡椒	少許

作法

1. 菠菜大致切小段，青蔥切成長 1cm 小段。
2. 以中火加熱平底鍋後倒入橄欖油，接著倒入步驟 1 的青蔥後爆香。青蔥呈金黃色後加水（1 又 1/2 杯・份量外），煮滾後倒入步驟 1 的菠菜、櫻花蝦，再以中火煮熟。
3. 以鹽、白胡椒調味。盛入容器裡，撒上黑胡椒。

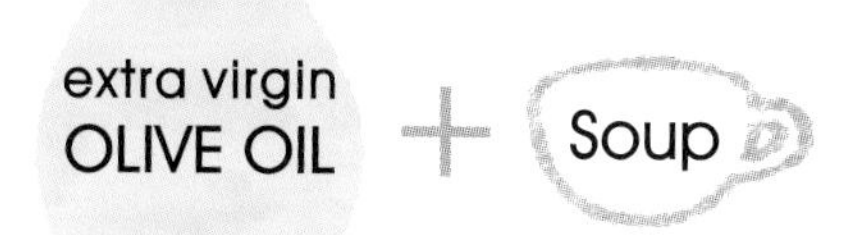

以富含「**膳食纖維**」的綠花椰菜、菇蕈類消除便秘，最大魅力為完全使用低熱量食材。

綠花椰菜鮪魚湯

材料（2 人份）

綠花椰菜……1 朵
清豆漿……1 杯
鮪魚（水煮罐頭／小）…1 罐
鹽……1/3 小匙
白胡椒……少許
黑胡椒……少許
橄欖油……1 大匙

作法

1 將綠花椰菜分成小朵。

2 將水（1 杯・份量外）和豆漿倒入小鍋裡，煮滾後添加步驟 1、鮪魚，蓋上鍋蓋後以中火煮熟。

3 以鹽、白胡椒調味後倒入容器裡，撒上黑胡椒後淋上橄欖油。

大量使用菇蕈類食材，充滿檸檬風味的鮮蝦湯

材料（2 人份）

杏鮑菇……1 包
雪白菇……1 包
鮮蝦……4 尾
檸檬（輪切）……4 片
鹽……1/2 小匙
白胡椒……少許
橄欖油……1 大匙

作法

1 菇蕈類食材去除蒂頭或菇柄端部後切成方便入口的大小。鮮蝦去殼、挑掉腸泥。

2 將水（1 又 1/2 杯 ・ 份量外）倒入小鍋裡，煮滾後加入步驟 1、檸檬片，再以中火煮熟。

3 以鹽、白胡椒調味後倒入容器裡，然後淋上橄欖油。

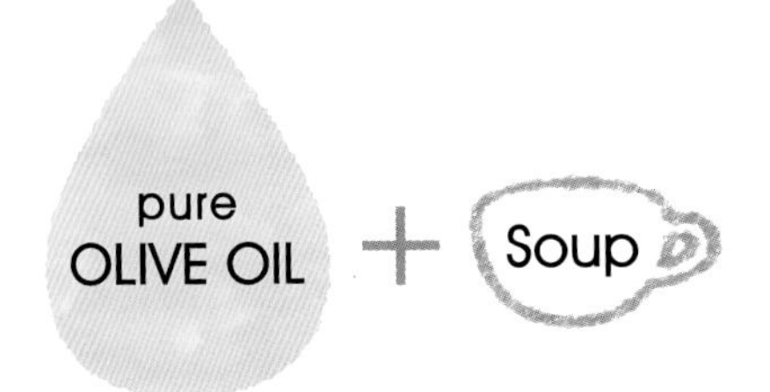

番茄是受矚目度高居第一位的減重瘦身蔬果類食材。大蒜具備促進脂肪分解的作用。

作法最簡單的蒜頭番茄湯

材料（2 人份）

蒜頭	6 瓣
番茄	2 顆
橄欖油	2 大匙
鹽	1/3 小匙
白胡椒	少許
黑胡椒	少許

作法

1 蒜頭切成薄片，番茄去蒂後切成 1cm 塊狀。

2 將橄欖油和步驟 1 的蒜片倒入平底鍋裡，以中小火耐心拌炒至飄出香味。倒入步驟 1 的番茄、水（1 又 1/2 杯・份量外）後蓋上鍋蓋，再以中火煮滾。

3 以鹽、白胡椒調味。倒入容器裡，撒上黑胡椒。

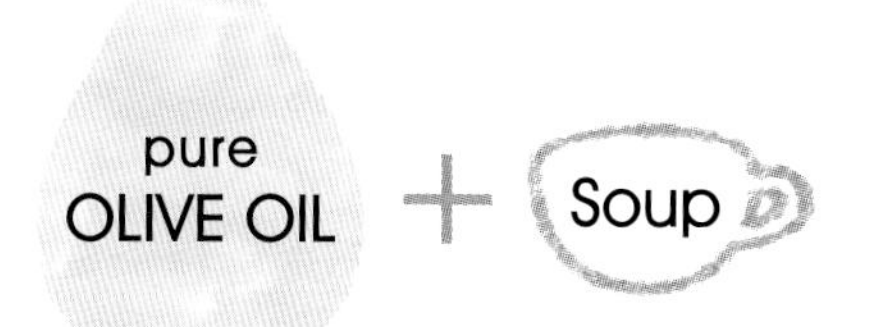

豆類富含可促進糖分代謝的**「維生素 B_1」**，可促進脂肪代謝的**「維生素 B_2」**、**「膳食纖維」**。

清爽無比的大豆洋蔥湯

材料（2 人份）

洋蔥……1/2 顆
橄欖油……2 大匙
毛豆（冷凍）……（淨重）50g
大豆（水煮）……50g
鹽……1/3 小匙
白胡椒……少許
起司粉……2 小匙
黑胡椒……少許

作法

1 洋蔥切成細末。

2 以中火加熱平底鍋後倒入橄欖油，倒入步驟 1 後拌炒。加水（1 又 1/2 杯・份量外）後蓋上鍋蓋，煮滾後倒入毛豆和大豆，再煮滾。

3 以鹽、白胡椒調味後倒入容器裡，撒上起司粉，再撒上黑胡椒。

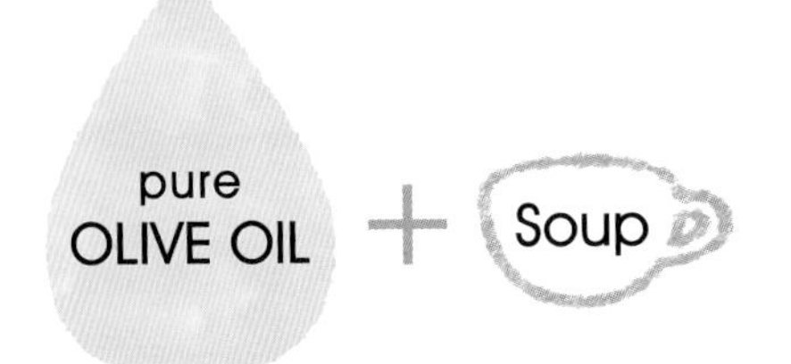

洋蔥所含「**寡糖**」成分具備促進腸道內好菌增生及整腸、美肌效果。

充滿柴魚風味的洋蔥湯

材料（2 人份）

洋蔥 ……………… 2 顆
橄欖油 ……………… 2 大匙
鹽 ……………… 少許
白胡椒 ……………… 少許
醬油 ……………… 2 小匙
柴魚片 ……………… 抓一小把

作法

1 洋蔥縱向切成兩半後切薄片。
2 以中火加熱平底鍋後倒入橄欖油，接著倒入步驟 1、水（1 又 1/2 杯 · 份量外），蓋上鍋蓋後煮滾。
3 以鹽、白胡椒、醬油調味後撒上柴魚片。

193
kcal

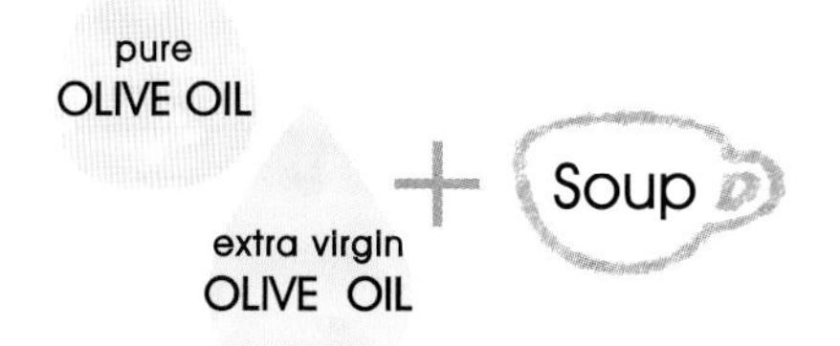

酪梨、橄欖、橄欖油的「**油酸**」成分都非常豐富，期望三種食材發揮三重效果。

酪梨橄欖湯

材料（2 人份）

酪梨	1/2 顆
洋蔥	1/4 顆
黑橄欖	4 粒
填充橄欖	4 粒
橄欖油	2 大匙
低脂牛奶	1 又 1/2 杯
鹽	1/3 小匙
白胡椒	少許

作法

1 酪梨去籽去皮後切成一口大小。洋蔥切成細末。橄欖分別切成薄片。

2 以中火加熱平底鍋後倒入橄欖油（1 大匙），倒入步驟 1 後邊搗碎酪梨、邊微微地拌炒，接著倒入橄欖和牛奶，蓋上鍋蓋後煮滾。

3 以鹽、白胡椒調味後盛入容器裡，然後淋上橄欖油（1 大匙）。

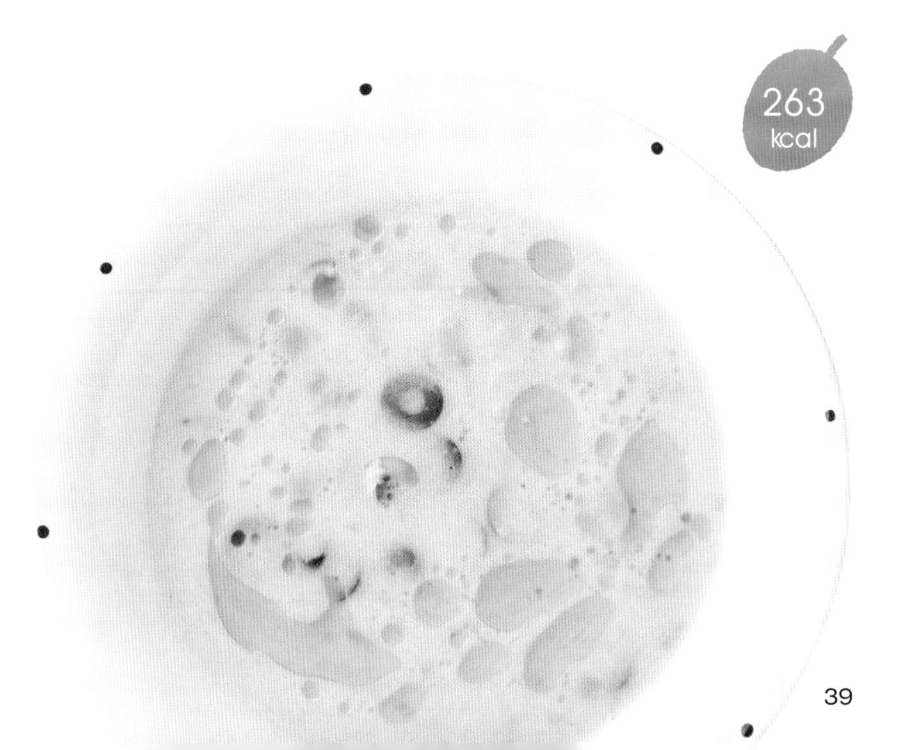

263 kcal

Extra
Oliva
0,25 litri
A 877084

餐前吃「蔬菜沙拉＋橄欖油」而順利達成減重瘦身目標！

近年來「蔬菜優先」概念越來越受矚目！
餐前吃蔬菜除可避免餐後血糖升高外，
還具備預防肥胖作用。
其次，蔬菜的膳食纖維或水分含量高，
吃蔬菜還可避免食物攝取過量或消除便秘，
再加上「橄欖油」和「醋」，
更具備吸附油脂成分等作用。
不需特別調製醬料，將桌上的醬料淋上去就夠了。

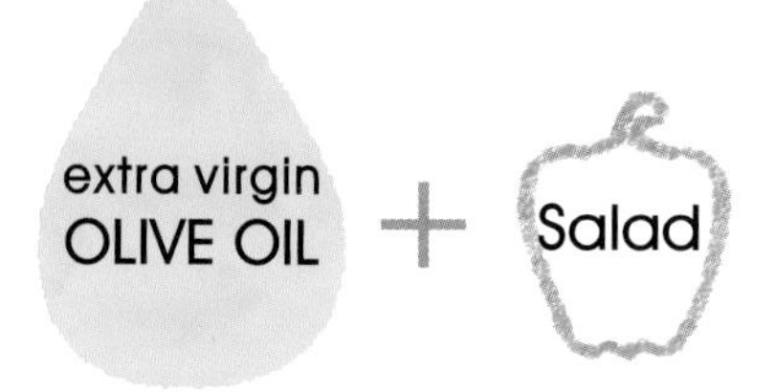

以洋蔥的「硫化物」加速代謝，以豐富的「維生素B_1・B_2」促進消化而打造不發胖的體質。

充滿檸檬風味的
紫色洋蔥和玉米蔬菜沙拉

材料（2人份）

紫色洋蔥	1顆
玉米粒（罐裝）	100g
芥末粒	1小匙
鹽	1/3小匙
白胡椒	少許
黑胡椒	少許
檸檬	1/4顆
橄欖油	2大匙

作法

1 紫色洋蔥切薄片，泡水後瀝乾水分。

2 將步驟1、玉米粒盛入盤裡，撒上芥末粒、鹽、白胡椒、黑胡椒。

3 附上檸檬，淋上橄欖油後攪拌一下即可享用。

重點整理

紫色洋蔥生吃太辣口，因此先用水泡掉辛辣成分。過水後難得的硫化物易流失，處理動作一定要很迅速才行。

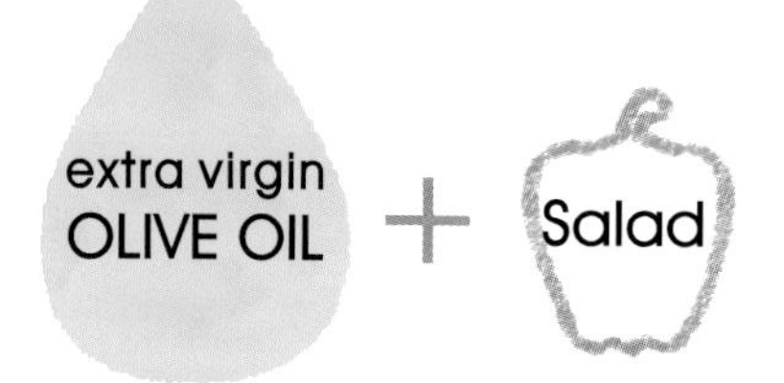

甜椒的「膳食纖維」很豐富，具備減重瘦身效果，可打造美麗肌膚的「胡蘿蔔素」含量也很高。

青醬甜椒蔬菜沙拉

材料（2人份）

甜椒（紅・黃）……… 各1個
鹽 ……………………1/3小匙
黑胡椒 …………………少許
青醬（市售）…………1大匙
橄欖油 ………………2大匙

作法

1 甜椒去蒂去籽後，先縱向對切成兩半，再橫向切成薄片，撒上鹽、黑胡椒後裝盤。

2 將青醬和橄欖油一起攪拌均勻後淋在步驟1上。

重點整理

備有市售青醬就很方便。拌一拌就能大幅提昇蔬菜沙拉的風味。

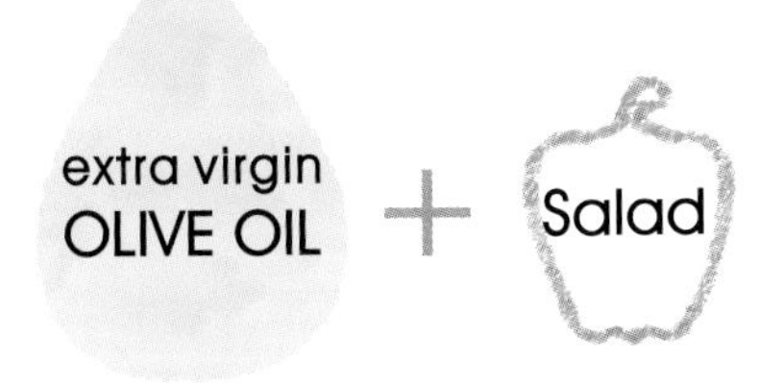

以長蔥的「硫化物」加速代謝，以裙帶菜的「水溶性膳食纖維」促進排便。

長蔥裙帶菜蔬菜沙拉

材料（2 人份）

長蔥……2 根
切小片的裙帶菜……5g
鹽……1/3 小匙
醋……1 大匙
白胡椒……少許
橄欖油……2 大匙
芥末醬……少許

作法

1 長蔥斜切成薄片，和裙帶菜一起放入簍子裡，以熱水燙過後擠乾水分。

2 將步驟 1 盛入容器裡，再撒上鹽、醋、白胡椒。

3 淋上橄欖油後稍微拌一下，再把芥末醬加在最上面。

146 kcal

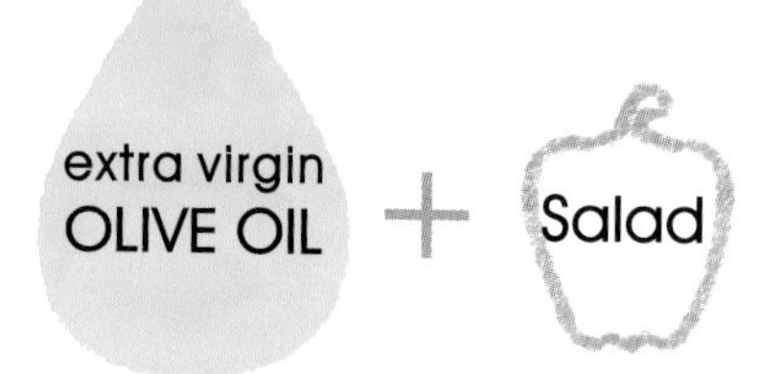

紅色番茄富含「茄紅素」，紫萵苣的「花青素」含量高，都是富含抗氧化物質的食材。

色彩鮮豔的紫、紅色蔬菜沙拉

材料（2 人份）

紫萵苣……5 片
番茄……1 顆
鹽……1/3 小匙
白胡椒……少許
黑胡椒……少許
橄欖油……2 大匙

作法

1 紫萵苣剝成大片，番茄去蒂後切成半月型。

2 將步驟 1 盛入容器裡，撒上鹽、白胡椒、黑胡椒。

3 淋上橄欖油後大致攪拌一下即完成。

重點整理

蔬菜的營養成分因顏色而不同。多吃各種顏色的蔬菜，即可攝取到更均衡的養分，因此建議積極地攝取。

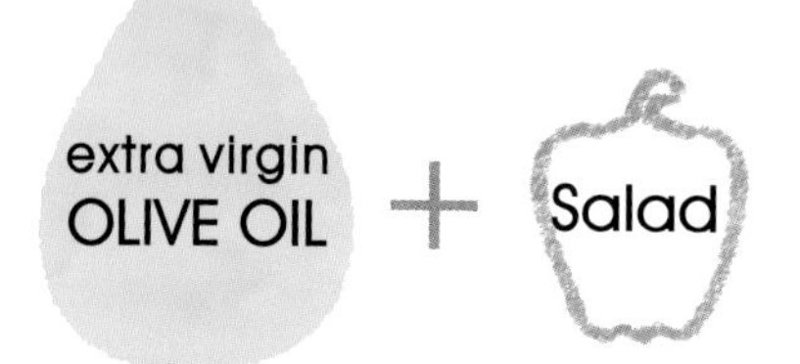

白蘿蔔的「澱粉酶」具備增進碳水化合物消化，促進排便作用。酵素怕熱，因此建議生吃。

搭配胡蘿蔔、西洋芹的白蘿蔔蔬菜沙拉

材料（2 人份）

白蘿蔔	長 10cm
胡蘿蔔	1/3 條
西洋芹	1/2 根
鹽	1/2 小匙
白胡椒	少許
醋	1 大匙
柴魚片	抓一把
橄欖油	2 大匙
紅色向日葵葉	2 片

作法

1. 白蘿蔔和胡蘿蔔連皮輪切成薄片。利用削皮器削下西洋芹的表面當裝飾，剩下部分斜切成薄片。
2. 將步驟 1 盛入容器裡，撒上鹽、白胡椒，淋上醋，撒上柴魚片。
3. 淋上橄欖油後大致攪拌一下，加上 2 片紅色向日葵葉當裝飾。

重點整理

西洋芹表面上的筋吃起來很硬，利用削皮器削下表皮就會變得更好吃，還可用來裝飾蔬菜沙拉。
其次，西洋芹的葉片部分富含維生素 C，建議別丟掉，多花點心思烹調。

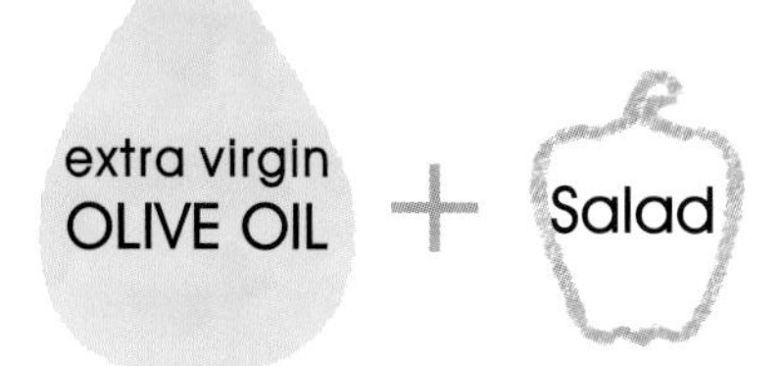

將兩種減重瘦身效果絕佳的番茄裝入大盤裡！小番茄味道較重，營養成分更濃縮。

兩種番茄的蔬菜沙拉

材料（2 人份）

番茄……1 顆
小番茄……8 顆
鹽……1/3 小匙
白胡椒……少許
黑胡椒……少許
羅勒（新鮮）……適量
橄欖油……2 大匙

作法

1 番茄去蒂後先縱向切成兩半，再切成厚 1cm。小番茄去蒂後縱切成兩半。

2 將步驟 1、鹽、白胡椒、黑胡椒、羅勒、橄欖油倒入調理缽裡。

3 大致攪拌一下，等入味後盛入容器裡。

重點整理

切小番茄時，面對蒂頭往橫長位置切下，切好後就看不到種籽，完成的蔬菜沙拉就不會出現太多湯汁。

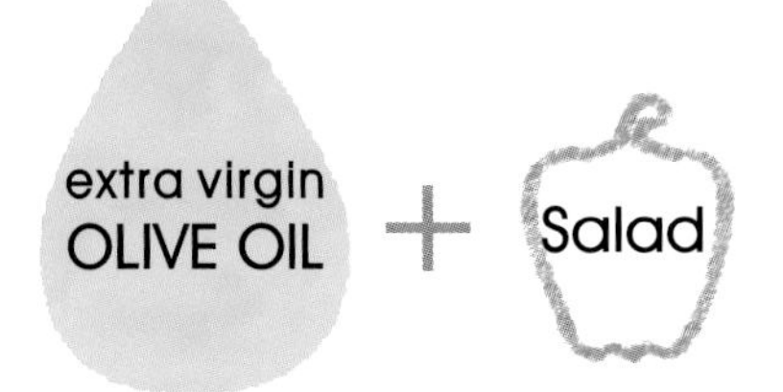

菠菜被譽為黃綠色蔬菜之王！蘋果的「**果膠**」大多位於表皮，具備整腸作用。

菠菜蘋果蔬菜沙拉

材料（2 人份）

菠菜……1/2 把
蘋果……1/8 顆
培根……1 片
鹽……少許
白胡椒……少許
黑胡椒……少許
起司粉……1 大匙
檸檬……1/8 顆
橄欖油……2 大匙

作法

1 菠菜切除根部後切小段，蘋果去除核心後連皮一起切成薄片。

2 培根切絲後倒入以中火加熱的平底鍋裡，煎出脆脆的口感後以廚房紙巾吸掉油脂成分。

3 將步驟 1、2、鹽、白胡椒、黑胡椒、起司粉倒入調理缽裡，擠入檸檬汁，淋上橄欖油後大致攪拌一下即可盛入容器裡。

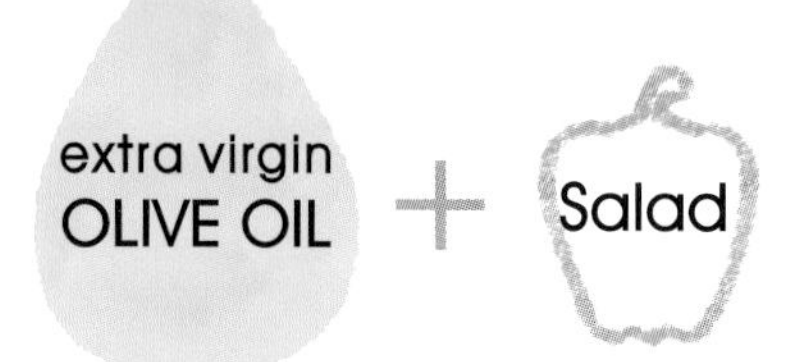

櫛瓜富含「鉀」成分，具消除浮腫作用。茄子的水分和「膳食纖維」亦具備排毒作用。

充滿芝麻風味的櫛瓜茄子蔬菜沙拉

材料（2 人份）

茄子……2 條
櫛瓜……1 條
鹽……1/3 小匙
白胡椒……少許
蒜頭（磨成泥）……1 瓣
研磨白芝麻……2 大匙
橄欖油……2 大匙

作法

1 茄子去蒂後切成厚 1mm，櫛瓜切除花萼後輪切成厚 1 ～ 2mm 片狀，然後分別撒上記載份量 1/2 的鹽，醃至軟化為止。

2 將步驟 1、鹽（少許・份量外）、白胡椒、蒜泥、研磨芝麻倒入調理缽裡，淋上橄欖油後大致攪拌一下即可盛入容器裡。

秋葵黏液會讓人充滿飽足感，因而是減重瘦身的絕佳食材！豆類具備促進代謝體脂肪的作用。

秋葵毛豆大豆蔬菜沙拉

材料（2 人份）

秋葵	10 條
醃黃蘿蔔	10g
毛豆（冷凍）	（淨重）50g
大豆（水煮）	50g
鹽	少許
白胡椒	少許
橄欖油	2 大匙
起司粉	1 小匙
天竺葵葉	1 片

1. 秋葵切除蒂頭。醃黃蘿蔔切成粗絲。
2. 步驟 1 的秋葵以熱水燙過後先泡冰水，再瀝乾水分，其中 5 條切成小薄片，另外 5 條切成厚 1cm 小片。
3. 將步驟 1 的醃黃蘿蔔、步驟 2、毛豆、黃豆倒入調理缽裡，撒上鹽、白胡椒。
4. 淋上橄欖油後充分地攪拌，撒上起司粉後以天竺葵葉為裝飾。

重點整理

只削掉秋葵蒂頭周邊，燙煮時甜份或養分才不會溶入熱水裡。

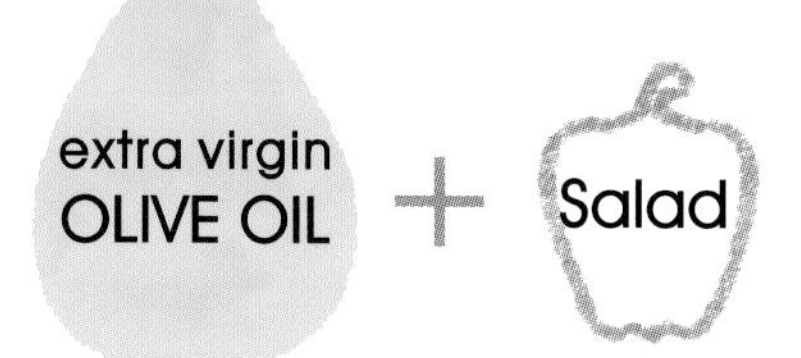

葡萄柚苦澀成分中的「柚皮苷」讓人充滿飽足感，香味成分中的「Nootkatone」具備促進脂肪燃燒效果。

充滿優格風味的蘿蔓萵苣葡萄柚蔬菜沙拉

材料（2 人份）

蘿蔓萵苣……1 株
葡萄柚……1/2 顆
優格（無糖）……3 大匙
橄欖油……2 大匙
鹽……少許
白胡椒……少許
黑胡椒……少許
法國麵包……約 8cm

作法

1 蘿蔓萵苣剝成大片。葡萄柚去皮後剝掉薄膜並去籽。

2 將優格和橄欖油倒入調理缽裡，攪拌均勻後撒上鹽、白胡椒，再攪拌均勻，盛入容器後撒上黑胡椒。

3 將步驟 1 盛入容器。將法國麵包切成厚約 2cm，再連同步驟 2 一起附在蔬菜沙拉旁。

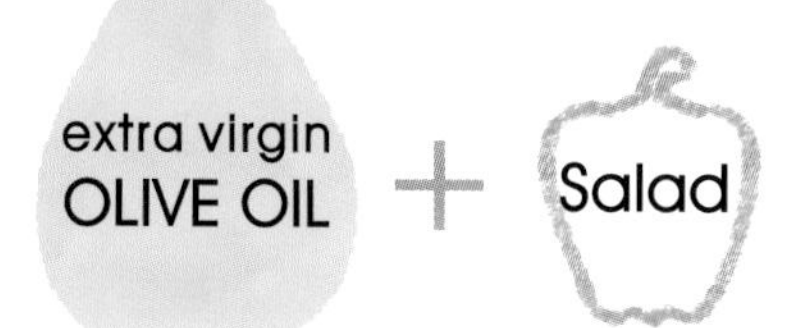

胡蘿蔔富含名為「果膠」的膳食纖維，是消除腹脹、減重瘦身的最堅強夥伴。

高麗菜胡蘿蔔藍莓蔬菜沙拉

材料（2 人份）

高麗菜	3 片（200g）
胡蘿蔔	1/3 條（60g）
藍莓（乾）	5g
鹽	少許
白胡椒	少許
美乃滋	2 大匙
橄欖油	2 大匙

作法

1 高麗菜切成 1.5cm 小片，胡蘿蔔切成 1cm 薄片。

2 步驟 1 分別撒上鹽巴（少許・份量外），醃軟後擰乾水分。

3 將步驟 2、藍莓、鹽、白胡椒、美乃滋、橄欖油倒入調理缽裡，大致攪拌後盛入容器裡。

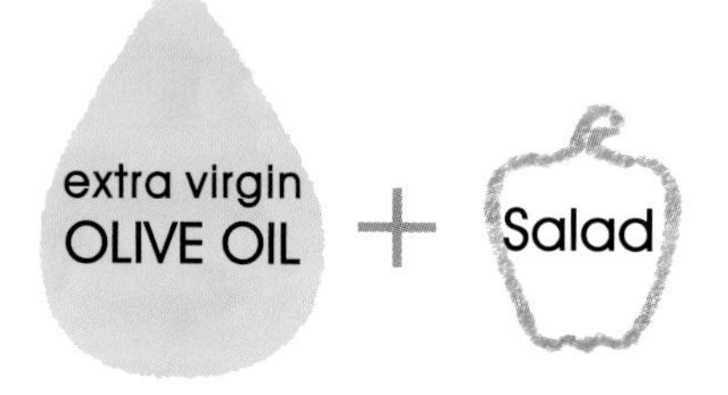

大麥中的「水溶性膳食纖維」具備抑制餐後血糖上升作用，可防止體脂肪堆積。

大麥山藥
小番茄蔬菜沙拉

材料（2人份）

山藥	長5cm
小番茄	5顆
填充橄欖	3粒
黑橄欖	3粒
嫩葉菜	適量
大麥（水煮）	100g
鹽	1/3小匙
白胡椒	少許
橄欖油	2大匙

作法

1. 山藥連皮一起切成1cm塊狀。小番茄去籽後切成四等份。橄欖分別橫向對切成兩半。
2. 將步驟1、嫩葉菜盛入容器裡，加入大麥、鹽、白胡椒。
3. 淋上橄欖油後大致攪拌一下。

重點整理

將鋁箔揉成圓球狀即可用於搓洗山藥的表皮。山藥表皮富含膳食纖維，減重瘦身過程中建議連皮一起吃下肚。將100g大麥放入裝滿熱水的鍋裡以中火烹煮15分鐘即可起鍋！可吃到QQ的口感。

綠花椰菜或南瓜富含「胡蘿蔔素」，抗氧化作用絕佳，亦具備美化肌膚或增進免疫力作用。

南瓜泥拌綠花椰菜的蔬菜沙拉

材料（2人份）

綠花椰菜……1顆
南瓜……50g
橄欖油……2大匙
鹽……少許
白胡椒……少許
杏仁（片）……5g

作法

1 綠花椰菜分成小朵，倒入加鹽（1%・份量外）的熱水裡燙熟後倒入簍子裡。

2 南瓜去籽去瓜囊後切成一口大小，裝入耐熱容器裡，覆蓋保鮮膜後以微波爐（600W）加熱2～3分鐘，將南瓜煮軟。

3 步驟2趁熱去皮，再以叉子背等搗碎。添加橄欖油後攪拌均勻，再以鹽、白胡椒調味。

4 拌入步驟1和3後盛入容器裡，撒上烤得香噴噴的杏仁片。

重點整理

重點為綠花椰菜燙熟直接冷卻而不泡水，因為泡水後花苞吸水，吃起來水水的不好吃。

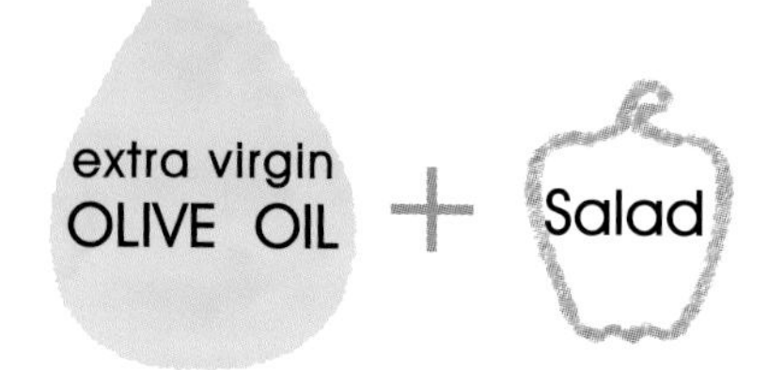

紫色蔬菜富含抗氧化作用絕佳的「花青素」，洋蔥的「硫化物」可促進代謝。

紫色蔬菜的蔬菜沙拉

材料（2 人份）

紫色高麗菜……2～3 片
紫色洋蔥……1 顆
火腿……2 片
羅勒（乾燥）……適量
鹽……1/3 小匙
白胡椒……少許
檸檬……1/8 顆
橄欖油……2 大匙
嫩葉菜……適量

作法

1 紫色高麗菜切絲，紫色洋蔥縱向切成薄片，火腿切成細絲。

2 將步驟 1 盛入容器裡，添加羅勒、鹽、白胡椒後淋上檸檬汁。

3 淋上橄欖油後將嫩葉菜加在最上面。

重點整理

使用比較容易取得的香草吧！
亦可使用巴西里或百里香等。

PART4

OLIVE OIL + Fish

吃「魚＋橄欖油」而攝取到好品質油脂成分，瘦得健康又美麗！

隨著飲食的歐美化進展，人們和魚的距離越來越遙遠。
本單元中將針對一直覺得「魚處理起來真麻煩」的人，
介紹一些作法很簡單，使用已經片好的魚肉等就能完成的美味佳餚。
魚肉中所含好品質油脂＝ omega-3 脂肪酸（DHA、EPA），
具備降低血液中的中性脂肪之作用。
但因這些食材煮熟後很容易氧化，
所以建議最好生吃（生魚片），
想加熱烹調時建議善加利用橄欖油。

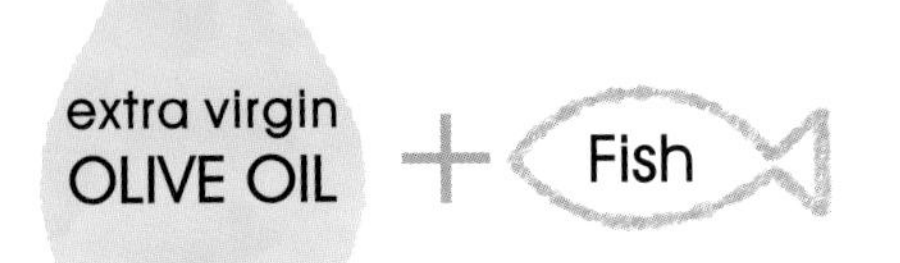

鯖魚中的「EPA」具備促進體脂肪燃燒，增進基礎代謝等作用。

薑絲煮鯖魚

材料（2 人份）

鯖魚 ············ 半身 1 片
生薑 ············ 1 片
砂糖 ············ 1 大匙多一點
醬油 ············ 1 大匙多一點
酒 ············ 2 大匙
橄欖油 ············ 2 大匙

作法

1 鯖魚切成四等份，以熱水沖洗乾淨後擺在簍子裡。

2 生薑切成薑絲。

3 將砂糖、醬油、酒、水（1 杯・份量外）倒入平底鍋裡，煮滾後放入鯖魚，蓋上鍋蓋後以中火烹煮。

4 步驟 3 煮滾後加入薑絲，繼續熬煮到湯汁變濃稠後盛入容器裡，淋上橄欖油。

重點整理

「吃青背魚有益身體健康，但，我就是不敢吃」，這是許多人的心聲。事實上，使用生薑就能引出魚的鮮甜味道，降低魚類特有的腥味。

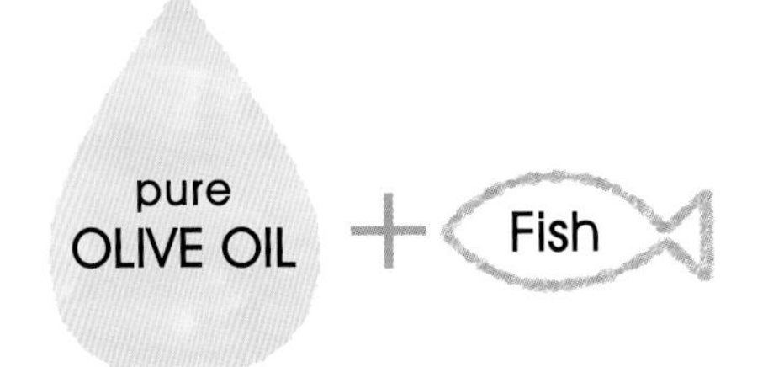

番茄的「茄紅素」、橄欖油和橄欖的「油酸」是減重瘦身效果最強成分。

番茄煮鯖魚

材料（2 人份）

洋蔥……1/2 顆
鯖魚……半身 1 片
鹽……適量
白胡椒……適量
橄欖油……2 大匙
番茄（水煮罐頭）……200g
黑橄欖……3 粒
填充橄欖……3 粒
檸檬……1/4 顆
黑胡椒……少許
羅勒（新鮮）……適量

作法

1 洋蔥切成細末。

2 鯖魚撒上鹽、白胡椒（各少許）。

3 以中火加熱平底鍋後倒入橄欖油，倒入步驟 1 後一直拌炒至呈透明狀態為止。

4 邊搗碎番茄、邊加入步驟 3，加水（1 杯 · 份量外）後煮滾。加入步驟 2、橄欖、鹽（1/2 小匙）後蓋上鍋蓋，以中火烹煮約 10 分鐘。添加切成薄片的檸檬後再煮滾，盛入容器後撒上黑胡椒，再依個人喜好撒上羅勒。

294 kcal

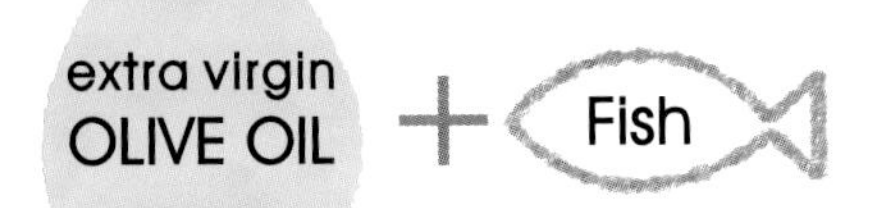

鰹魚中所含「組胺酸」具備促進體脂肪燃燒作用，抑制食慾效果也值得期待。

檸檬漬鰹魚

材料（2 人份）

紫色洋蔥……1/2 顆
胡蘿蔔……1/5 條
生薑……2 片
鰹魚（生魚片）……200g
檸檬汁……1 大匙
醬油……1 大匙
橄欖油……2 大匙

作法

1. 紫色洋蔥縱向切成薄片，胡蘿蔔切絲，生薑切成細絲。
2. 鰹魚切成一口大小後並排在淺盤裡。
3. 將檸檬汁、醬油、橄欖油倒入調理缽裡，再攪拌均勻。
4. 將步驟 3 加在步驟 2 上，再將步驟 1 加在最上面，然後放入冰箱裡醃泡約 1 小時。

重點整理

多做一些，擺冰箱可保存 3 天。

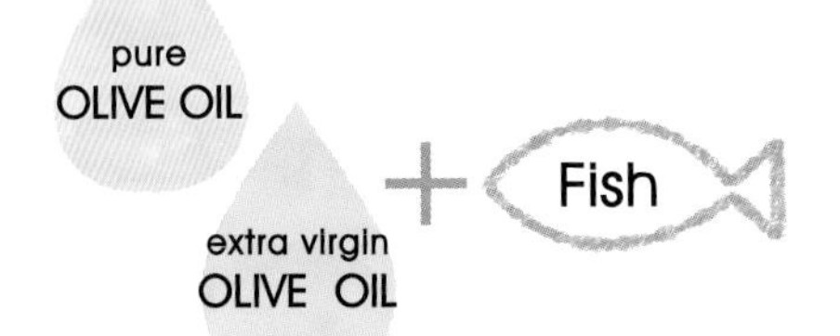

效果最強的減重瘦身成分，鰹魚所含「組胺酸」的抗氧化作用非常強勁，再大量添加黃綠色蔬菜。

超簡單鰹魚排

材料（2 人份）

蒜頭……1 瓣
鰹魚（生魚片）……200g
橄欖油……2 大匙
甜椒（紅）……1 個
加上南瓜泥的綠花椰菜蔬菜沙拉……適量（作法請見 p. 62）
嫩葉菜……適量
鹽……1/3 小匙
白胡椒……少許
Balsamico 醋……1 大匙

作法

1 蒜頭切成蒜片，鰹魚切成厚 1.5cm 片狀。

2 將橄欖油（1 大匙）和步驟 1 的蒜片倒入平底鍋裡，以中小火爆炒至金黃色為止。加入步驟 1 的鰹魚後，利用中火將兩面煎成金黃色，中間為半生熟。

3 甜椒直接擺在火上烤熟，稍微降溫後先縱向對切成兩半，再去皮去籽去蒂頭。然後盛入容器裡，再將南瓜泥綠花椰菜蔬菜沙拉加在最上面。

4 將步驟 2 和 3 盛入容器裡，加上嫩葉菜，撒上鹽、白胡椒，淋上 Balsamico 醋和橄欖油（1 大匙）。

重點整理

將甜椒烤到整個表皮變成黑色為止，剝掉焦黑的表皮後就會露出漂亮的顏色。

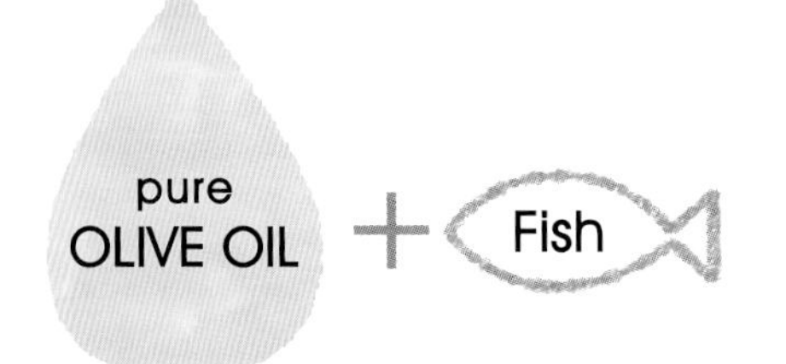

竹莢魚富含「維生素 B_2」成分，是代謝脂肪的必要營養素，為減重瘦身提供最佳支援的重要成分。

橄欖油烤裹上麵包粉的竹莢魚排

材料（2 人份）

竹莢魚	2 尾
鹽	少許
白胡椒	少許
低筋麵粉	適量
蛋液	適量
麵包粉	適量
橄欖油	2 大匙
大麥（水煮）	50g
羅勒醬（市售）	2 小匙
檸檬	1 顆
羅勒葉（新鮮）	2 片

※ 大麥煮法請見 p. 60

作法

1 竹莢魚片成三片後先撒鹽、白胡椒，再依序裹上低筋麵粉、蛋液、麵包粉。

2 烤盤鋪上鋁箔後塗抹橄欖油（1 大匙）。步驟 1 的竹莢魚表皮朝上，擺好後再淋上橄欖油（1 大匙）。

3 將步驟 2 放入預熱的烤箱裡，以 200℃烤 7 ～ 8 分鐘。

4 將大麥和羅勒醬倒入調理缽裡，再攪拌均勻。

5 將步驟 4 鋪在容器上，再將步驟 3 擺在上面。檸檬縱向對切成兩半後，和羅勒葉一起擺在魚排旁。

重點整理

將竹莢魚片成三片時務必切掉尾端的硬鱗。不會片魚的人建議使用已經片好的市售竹莢魚肉片。

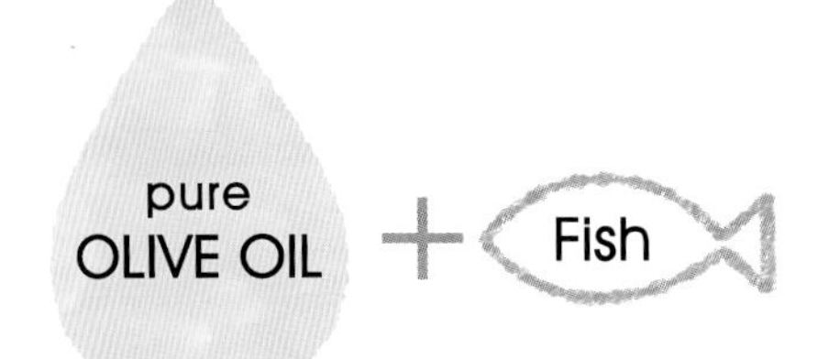

竹莢魚的「多元不飽和脂肪酸」具備促進脂肪燃燒作用，蒜薹富含「膳食纖維」或「鉀」成分。

充滿檸檬風味的蒜薹甜椒炒竹莢魚

材料（2 人份）

蒜薹……1/2 把
甜椒（紅・黃）……各 1/2 個
竹莢魚……2 尾
鹽……適量
白胡椒……適量
低筋麵粉……適量
橄欖油……2 大匙
鮮蝦……4 條
七味辣椒粉……適量
檸檬……1/2 顆

作法

1 蒜薹切成長 5cm。甜椒去蒂去籽後斜切成一口大小。

2 竹莢魚片成三片後先切成一口大小，再撒上鹽（少許）、白胡椒（少許），然後薄薄地裹上低筋麵粉。

3 以中火加熱平底鍋後倒入橄欖油（1 大匙），將步驟 2 的兩面煎成金黃色，煎熟後取出。

4 將步驟 3 的平底鍋洗乾淨後倒入橄欖油（1 大匙），接著倒入已經去殼去腸泥的鮮蝦，拌炒後撒上鹽（少許）、白胡椒（少許）。然後將步驟 3 倒回鍋裡一起炒。

5 將步驟 4 盛入容器裡，撒上七味辣椒粉，再將檸檬擺在旁邊。

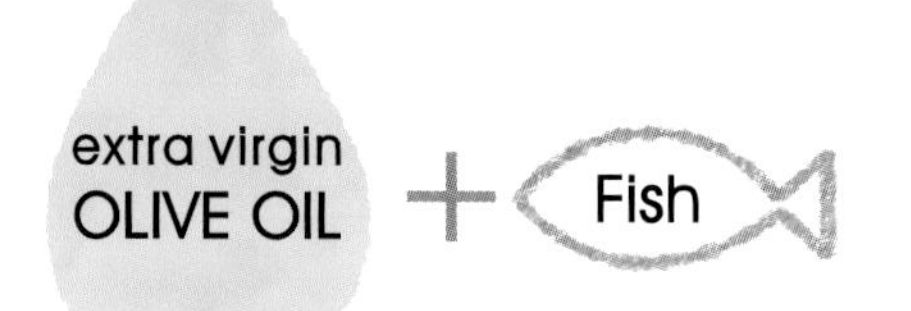

沙丁魚的小骨中富含「釩」成分，攝取後可促進體脂肪燃燒，亦具備預防生活習慣病效果。

附上一小碟橄欖油的醋漬沙丁魚捲

材料（2 人份）

沙丁魚……4 尾
醋……2 大匙
生薑……2 片
葉萵苣……8 片
韓國紅椒醬……2 大匙
橄欖油……2 大匙

作法

1 沙丁魚用手剝開，撕掉外皮，淋上醋汁，靜置約10 分鐘後瀝乾水分。

2 生薑切成薑絲。

3 葉萵苣攤開後塗抹韓國紅椒醬，加上步驟 1、2 後捲起，然後盛入容器裡，附上一小碟橄欖油。

323
kcal

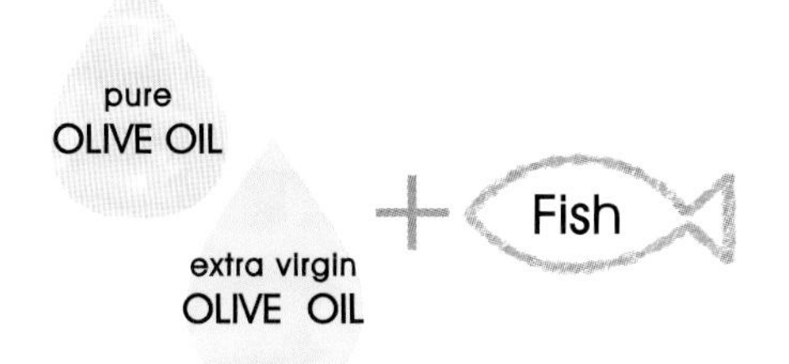

具促進體脂肪燃燒作用的沙丁魚，加上富含「油酸」的橄欖、「膳食纖維」含量高的杏鮑菇，調配一道減重瘦身效果最強的佳餚。

捲著橄欖的嫩煎沙丁魚捲

材料（2 人份）

沙丁魚……2 尾
填充橄欖……8 粒
鹽……適量
白胡椒……適量
橄欖油……2 大匙
杏鮑菇……2 朵
芥末粒……2 小匙

作法

1 沙丁魚用手剝開，但不去皮。
2 以步驟 1 捲起橄欖後插上牙籤以固定住，然後撒上鹽、白胡椒（各少許）。
3 以中火加熱平底鍋後倒入橄欖油（1 大匙），放入步驟 2 後邊滾動、邊煎成金黃色，蓋上鍋蓋後悶烤，烤熟後切成 3 等份。
4 將切成四等份的杏鮑菇放在平底鍋的空出部分，撒上鹽、白胡椒（各少許）後煎成金黃色。
5 盛入容器後淋上橄欖油（1 大匙），然後附上芥末粒。

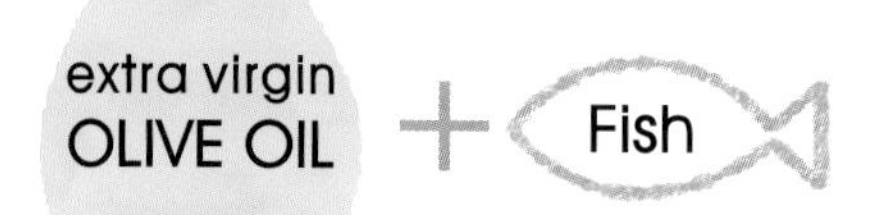

鮪魚的紅肉部位營養價值高，是低熱量蛋白質來源！搭配具抗氧化作用的黃綠色蔬菜。

鮪魚芽菜綠紫蘇春捲

材料（2 人份）

鮪魚紅肉部分（生魚片）⋯1/2 大塊
越式春捲皮⋯⋯3 張
綠紫蘇葉⋯⋯3 片
紅萵苣⋯⋯3 片
芽菜⋯⋯1/2 包
甜辣醬⋯⋯1 大匙
橄欖油⋯⋯2 大匙

作法

1 將鮪魚肉切成 6 條寬 1cm 的長條狀。

2 春捲皮用水泡發。

3 以步驟 2 捲起步驟 1（2 條）、綠紫蘇葉、紅萵苣、芽菜，總共做 3 捲。切成一口大小後排入容器裡。甜辣醬添加橄欖油，攪拌均勻後擺在春捲旁邊。

重點整理

春捲皮先泡一下水，捲入食材時比較不會破掉。

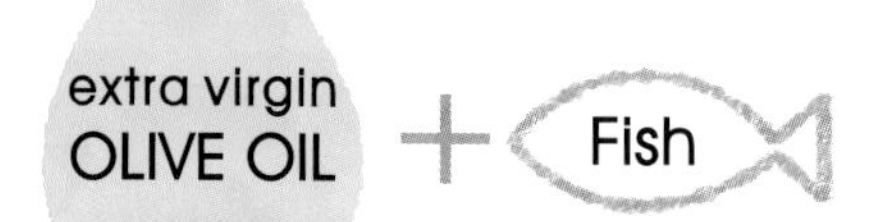

裙帶菜富含「膳食纖維」，蘘荷可促進新陳代謝，搭配魚的「蛋白質」效果最顯著！

大量添加辛香食材的鮪魚裙帶菜蔬菜沙拉

材料（2 人份）

鮪魚紅肉部分（生魚片）⋯⋯1 大塊
長蔥⋯⋯1/3 根
切小片的裙帶菜⋯⋯3g
綠紫蘇葉⋯⋯2 片
蘘荷⋯⋯適量
味噌⋯⋯1/2 大匙
橄欖油⋯⋯2 大匙

作法

1 鮪魚切成寬 5mm 塊狀，長蔥切絲，裙帶菜用水泡發後擠乾水分。

2 綠紫蘇葉切成寬 1cm 小片，蘘荷切絲。

3 將味噌倒入調理缽裡，加入步驟 1 和 2 的綠紫蘇葉後攪拌均勻。

4 將步驟 2 的蘘荷加在步驟 3 上，然後淋上橄欖油。

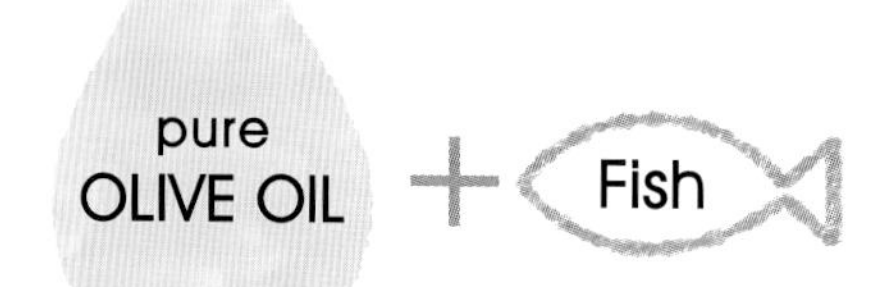

鮭魚中的「蝦紅素」為抗氧化作用最強的物質！表皮的「膠原」成分最豐富，具備美肌效果。

番茄醬汁
佐香煎鮭魚排

材料（2 人份）

綠花椰菜……1/3 朵
新鮮鮭魚……2 片
鹽……1/3 小匙以下
白胡椒……少許
低筋麵粉……適量
咖哩粉……1 大匙
橄欖油……2 大匙
番茄醬汁（市售）……100g

作法

1 綠花椰菜分成小朵。

2 鮭魚撒上鹽、白胡椒後裹粉（低筋麵粉＋咖哩粉）。

3 以中火熱好平底鍋後倒入橄欖油（1 大匙），將步驟 1 和 2 的兩面煎成金黃色，蓋上鍋蓋後悶烤，烤熟後取出。

4 將番茄醬汁和橄欖油（1 大匙）加入步驟 3 後煮滾。撒上鹽、白胡椒（各少許 · 份量外）後盛入容器裡，然後盛入步驟 3。

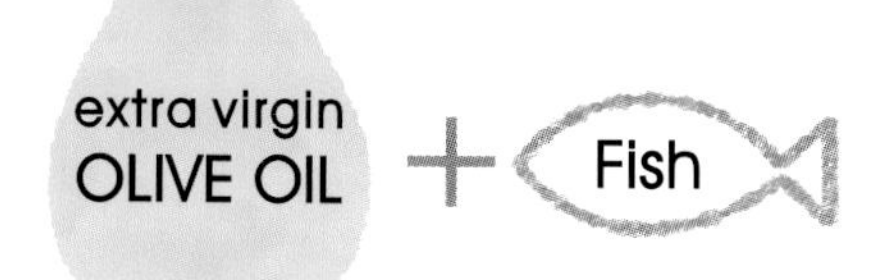

由抗氧化作用絕佳的鮭魚、富含「膳食纖維」成分的西洋芹、「澱粉酶」等消化酵素非常豐富的白蘿蔔構成的一道菜。

搭配鮭魚蘸醬的蔬菜棒

材料（2 人份）

鮭魚（生魚片）……150g
洋蔥（切絲）……1 大匙
鹽……1/3 小匙
白胡椒……少許
去水優格（無糖）……100㎖
芥末粒……1 小匙
橄欖油……2 大匙
蔬菜棒（西洋芹、白蘿蔔等）……適量

作法

1 鮭魚剁成細末。
2 將步驟 1、洋蔥末、鹽、白胡椒、優格、芥末粒倒入調理缽裡，攪拌均勻後盛入容器裡，然後淋上橄欖油。
3 將蔬菜棒附在步驟 2 旁。

重點整理

去水優格為市售優格去除乳清（去水）後，處理成酸奶油狀，是營養更濃縮的優格。作法很簡單，將簍子擺在調理缽上，鋪好廚房紙巾後倒入優格，覆蓋保鮮膜後放入冰箱裡，擺放半天左右即完成。利用咖啡濾紙也能輕易地完成。
※ 去水後份量只剩原來的 1/2 左右。

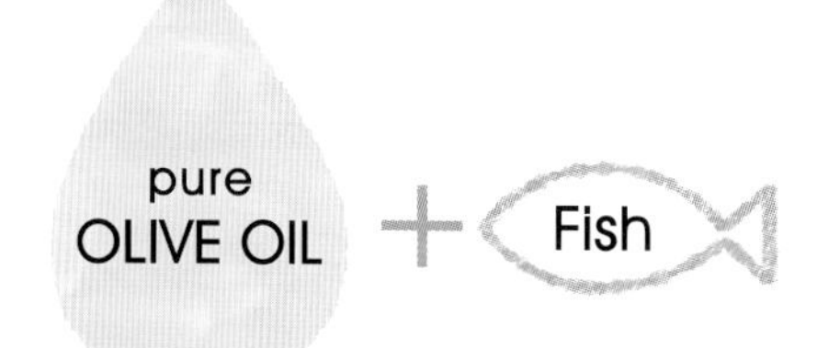

鮮蝦為高蛋白質低脂肪食材，糖分為零，最適合減重瘦身時食用，預防生活習慣病的效果也非常好。

酥炸鮮蝦和白肉魚

材料（2 人份）

馬鈴薯……1 個
白肉魚（魚肉）……50g
鮮蝦……4 條
鹽……少許
白胡椒……少許
低筋麵粉……適量
橄欖油……適量
百里香（乾燥）……適量
檸檬……1/4 個

作法

1 將馬鈴薯外皮刷洗得很乾淨，連皮一起對切成兩半後切成半月型。

2 白肉魚片切成一口大小。鮮蝦去殼去腸泥後從背部剖開，撒上鹽、白胡椒後薄薄地裹上低筋麵粉。

3 以中火加熱平底鍋後倒入橄欖油至 2cm 高度，素炸步驟 1 後，將步驟 2 炸成金黃色。撒上百里香後盛入容器裡，然後附上檸檬。

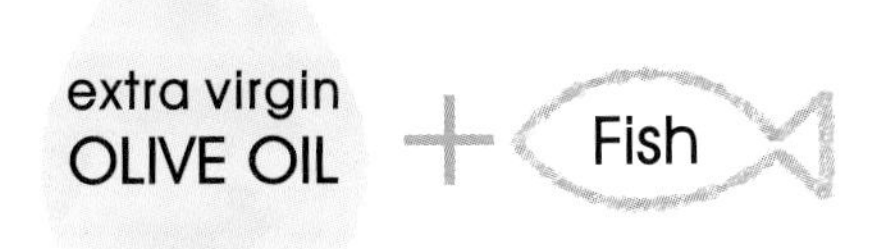

鯛魚為高蛋白質，低脂肪，很容易消化吸收的食材。代謝糖分的必要成分「維生素 B_1」也很豐富。

充滿義大利美食 carpaccio 風味的鯛魚

材料（2 人份）

鯛魚（生魚片）……1 大塊
鹽……少許
白胡椒……少許
萬能蔥……3 根
白蘿蔔……5cm
橄欖油……2 大匙
黃豆粉……1 大匙

作法

1. 鯛魚切成薄片後撒上鹽、白胡椒。
2. 萬能蔥切成蔥花。
3. 小缽裡薄薄地塗上一層橄欖油（適量．份量外）後貼上步驟 1，塞滿切絲的白蘿蔔後倒扣在容器中，然後將步驟 2 撒在四周。
4. 淋上橄欖油後撒上黃豆粉。

以「雞肉＋橄欖油」烹調吃起來美味又健康的餐點！

必須攝取好品質蛋白質以形成肌肉，
提昇脂肪的燃燒效果才能瘦得健康又美麗。
攝取動物性脂肪易形成肥胖體質，
因此，重點為，使用牛、豬肉時都選用瘦肉。
雞肉容易去除脂肪部分，
又能攝取到好品質蛋白質成分，因此建議採用！
再將動物性脂肪（飽和脂肪酸）
換成橄欖油（不飽和脂肪酸）更完美。

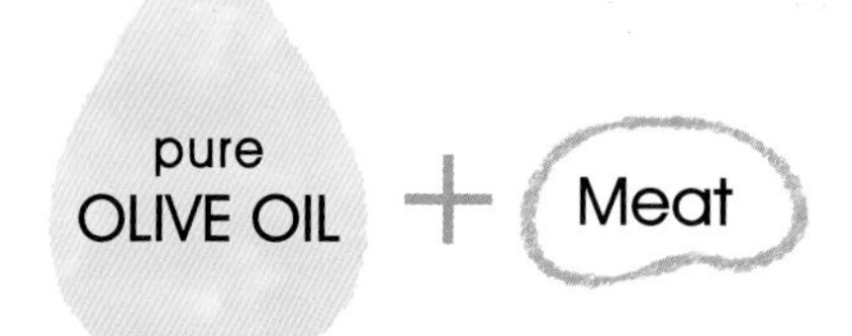

雞里肌肉為高蛋白質、低脂肪，最適合減重瘦身時使用的肉類。味道比較清淡，因而以咖哩粉提味。

焗烤酪梨雞里肌肉

材料（2 人份）

材料	份量
番茄	1 顆
酪梨	1/2 顆
雞里肌肉	4 條
鹽	1/2 小匙以下
白胡椒	少許
咖哩粉	1/2 小匙
橄欖油	2 大匙
會融化的起司	40g
黑胡椒	少許

作法

1 番茄去蒂後切薄片，酪梨去蒂去皮後切薄片。

2 雞里肌肉挑掉硬筋，先片成 1/2 厚度，再切成 4 等份，撒上鹽（1/4 小匙）、白胡椒、咖哩粉後，淋上橄欖油（1 大匙）。

3 將步驟 2 和 1 排在耐熱容器裡，撒上起司後淋上橄欖油（1 大匙）。

4 將步驟 3 擺在預熱的烤盤上，以 200℃烤 8 ～ 10 分鐘，烤成金黃色後撒上黑胡椒。

重點整理

雞里肌肉不易烤熟，應避免排放在蔬菜上。發現表面快要烤焦時，可中途覆蓋鋁箔後再繼續烤。

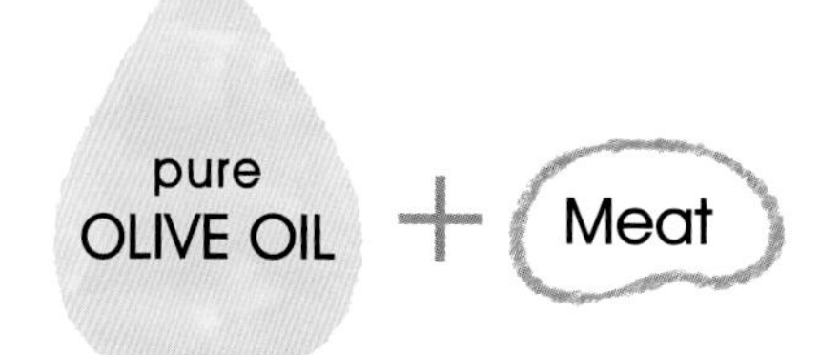

醋橘、檸檬等柑橘類都含「**檸檬酸**」，具備促進基礎代謝、減重瘦身等作用。

雞絞肉豆腐的小漢堡串燒

材料（2 人份）

長蔥	1/2 根
南瓜	1/8 個
生薑	1 片
木棉豆腐	1/3 塊
雞絞肉	100g
鹽	1/3 小匙
白胡椒	少許
太白粉	2 大匙
橄欖油	2 大匙
醋橘	2 個

作法

1 長蔥切成 5cm 小段，南瓜切成厚 1cm 的一口大小。

2 生薑切成細末，豆腐以廚房紙巾包裹後，上面壓重物以便去除水分。

3 將絞肉倒入調理缽裡，加入鹽、白胡椒，確實攪拌後拌入步驟 2，然後加入太白粉，攪拌均勻後分成 8 等份。

4 以中火加熱平底鍋後倒入橄欖油，手上微微地塗抹橄欖油（適量・份量外）後，將步驟 3 揉成球狀，然後擺在平底鍋裡，先將兩面煎成金黃色，再以中火煎熟。步驟 1 也煎成金黃色後煎熟，撒上鹽、白胡椒（各少許・份量外）後插在竹籤上，盛入容器後將醋橘附在一旁。

重點整理

最後才會擠上柑橘類汁液，不使用醋橘也沒關係，使用酸橙或檸檬也很對味，建議使用容易取得的食材。

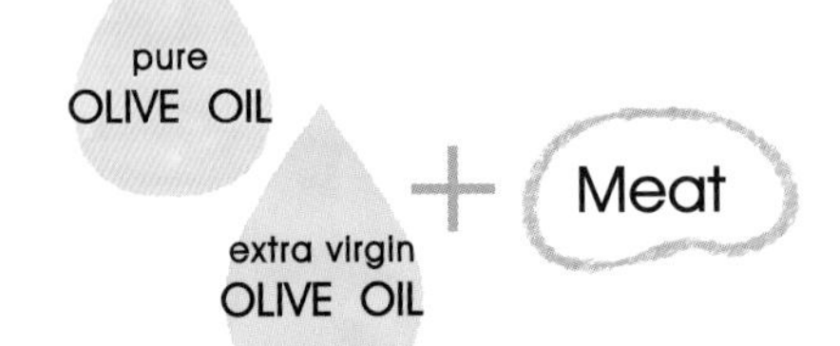

橄欖油或橄欖都具備燃燒脂肪的作用，雞肉去皮後熱量就減少 1/2。

橄欖燴煮雞胸肉

材料（2 人份）

洋蔥	1 顆
黑橄欖	8 粒
雞胸肉（小）	2 片
砂糖	2 小匙
鹽	1 小匙以下
白胡椒	少許
橄欖油	2 大匙
太白粉水	1 小匙

作法

1 洋蔥縱向對切成兩半。橄欖剁成粗末。雞肉先去皮，再加入砂糖、鹽（1/2 小匙）、白胡椒後揉捏按摩。

2 以中火熱好平底鍋後倒入橄欖油（1 大匙），然後雞肉表皮側朝下、洋蔥切口朝下地放入鍋裡，將兩面煎成金黃色。添加水（1 杯 ・份量外）、鹽（1/2 小匙以下）、橄欖，烹煮約 10 分鐘，煮熟後取出。

3 將太白粉水加入步驟 2 的煮汁裡，調好濃稠度後，將先前的食材倒回鍋裡。盛入容器後淋上橄欖油（1 大匙）。

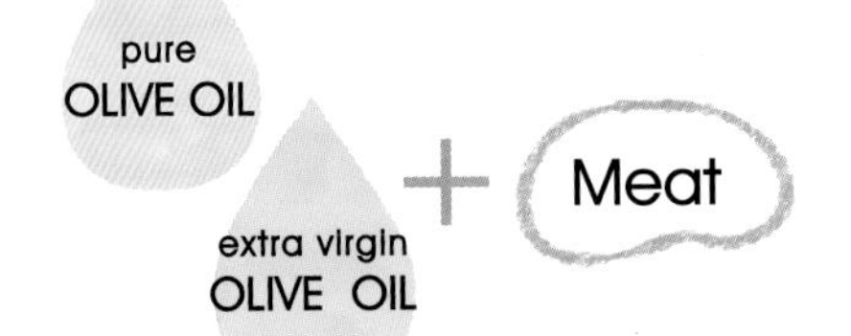

高蛋白質、低脂肪的雞胸肉，和具備抗氧化作用的黃綠色蔬菜，具備形成肌肉，燃燒體脂肪等作用。

優格漬烤雞胸肉

材料（2 人份）

雞胸肉	1 塊
鹽	1/3 小匙
白胡椒	少許
肉荳蔻	適量
優格（無糖）	3 大匙
嫩葉菜	適量
橄欖油	2 大匙
南瓜	1/10 顆

作法

1 雞肉去皮後撒上鹽、白胡椒，再依個人喜好添加肉荳蔻後揉捏按摩。

2 將步驟 1 放入耐熱容器裡，添加優格後覆蓋保鮮膜，放入冰箱 1 小時以醃出好味道。

3 將步驟 2 擺在預熱的烤盤上，以 200℃烤 7 ～ 8 分鐘，烤至全熟。

4 將步驟 3 切成一口大小後盛入容器裡，附上嫩葉菜後淋上橄欖油。

5 南瓜去蒂去瓜囊後切成一口大小。放入耐熱容器後覆蓋保鮮膜，放進微波爐（600W）裡加熱 3 分鐘。去皮後以叉子背等搗碎，撒上鹽、橄欖油（各少許・份量外）後加在步驟 4 旁。

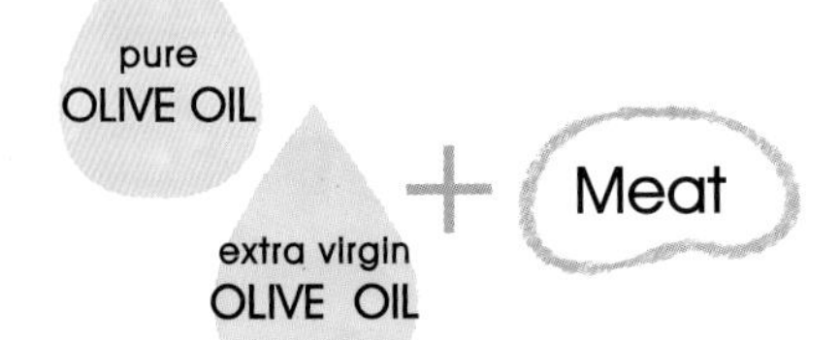

由雞胸肉的「蛋白質」、雪白菇和香菇的豐富「膳食纖維」搭配而成的活力減重瘦身菜。

香菇煮雞胸肉

材料（2 人份）

洋蔥	1/2 個
雪白菇	1 包
舞菇	1 包
雞胸肉	1 塊
橄欖油	2 大匙
番茄醬	2 大匙
鹽	1/2 大匙多一點
白胡椒	少許

作法

1 洋蔥切成半月型，雪白菇去蒂頭後分成小朵，舞菇剝成小朵。

2 雞肉不去皮，切成一口大小後夾在舞菇之間。

3 以中火熱好平底鍋後倒入橄欖油（1 大匙），倒入步驟 1 的洋蔥後拌炒，再添加番茄醬。

4 倒入步驟 1 的雪白菇、步驟 2、水（1 杯 ・ 份量外）後蓋上鍋蓋，以中火烹煮約 10 分鐘，再以鹽、白胡椒調味道。

5 盛入容器裡，淋上橄欖油（1 大匙）。

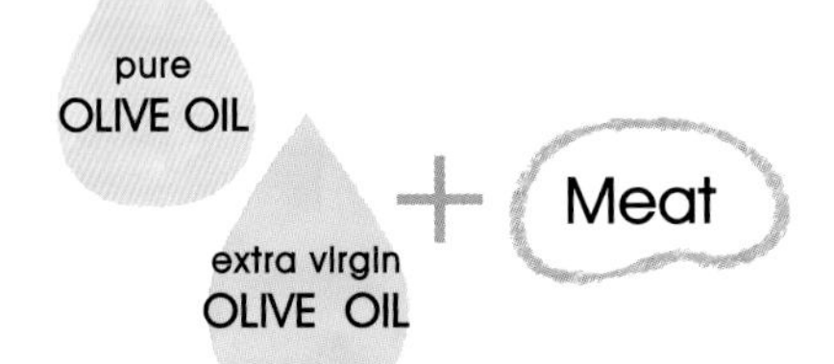

減重瘦身過程中應選吃瘦肉，避免吃脂肪含量較高的絞肉。將肉汁換成橄欖油吧！

義式燒賣

材料（2 人份）

洋蔥	1/2 顆
蘑菇	4 朵
豬絞肉（瘦肉）	200g
鹽	1/2 小匙
白胡椒	少許
橄欖油	1 大匙
太白粉	1 大匙
燒賣皮	14 片
黑橄欖	4 粒
大白菜	3 片
豆芽菜	1/2 包

〈醬汁〉

橄欖油	1 大匙
七味辣椒粉	適量

作法

1. 洋蔥和蘑菇切成細末。
2. 將絞肉和步驟 1 的蘑菇倒入調理缽裡，添加鹽、白胡椒、橄欖油後確實地攪拌均勻。添加步驟 1 的洋蔥、太白粉後大致攪拌一下。
3. 以燒賣皮包入步驟 2，再把一小片橄欖擺在燒賣上。
4. 將切成寬 3cm 條狀的大白菜和豆芽菜倒入平底鍋裡，再加上步驟 3，然後加水（適量 ・ 份量外），蓋上鍋蓋，以中火烹煮 7 ～ 8 分鐘。
5. 將步驟 4 盛入容器裡，然後附上醬汁為佐料。

重點整理

橄欖油和調味料、辛香料、香草的相容性絕佳！除可當做沾醬外，還可當做菜餚佐料更充分地運用。

PART6

OLIVE OIL

Grain

以「蔬菜＋橄欖油」搭配穀類食材打造不發胖體質！

碳水化合物為「減重瘦身的大敵」，人們很容易產生這種想法。
事實上，碳水化合物攝取不足對身體也不好。
因為易使腦部營養不足而發呆，
或身體容易感到疲累。
穀類食物中所含碳水化合物是非常重要的能量來源！
因此建議以白飯、義大利麵或麵包等，
搭配具備減重瘦身效果的橄欖油，
適度地攝取其中的營養成分。

炊飯
再加熱
保温

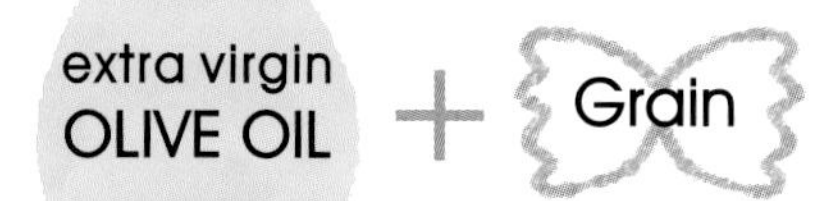

將白米和富含「膳食纖維」的大麥混合在一起，既可提昇減重瘦身效果，還可吃得更安心。

義式米麥炊飯

材料（3～4人份）

大麥	65g
白米	2杯
鹽	1又1/2小匙
洋蔥	1顆
培根	1片
蒜頭	2瓣
小番茄	6顆
橄欖油	2大匙
黑胡椒	少許
起司粉	1小匙
巴西里、羅勒（新鮮）	各適量

作法

1. 將大麥和淘洗乾淨的白米放入電鍋裡，加水（2又1/2杯・份量外）和鹽後攪拌均勻。
2. 洋蔥切成半月型，培根切成大塊一點的一口大小，蒜頭以刀背拍碎，小番茄大致對切成兩半。
3. 將步驟2加入步驟1，放入電鍋裡以平常方式蒸煮。蒸好後淋上橄欖油，然後確實地攪拌均勻。
4. 將步驟3盛入容器裡，撒上黑胡椒、起司粉，以及撕成小片的巴西里和羅勒。

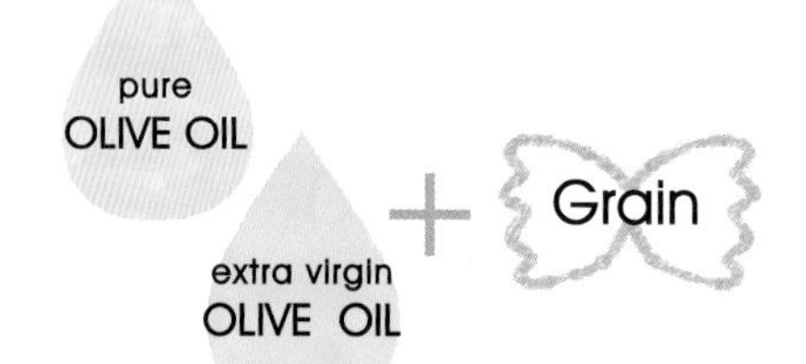

擔心吃白飯熱量太高，做成燉飯就能安心地享用！減少白米用量，增加餐點份量就能吃出飽足感。

超簡單番茄炊飯

材料（2 人份）

番茄……1 顆
橄欖油……2 大匙
洋蔥（切細末）……2 大匙
白米……1 杯
鹽……1/2 小匙
白胡椒……少許
萬能蔥……1/4 根

作法

1 番茄去蒂後隨意切小塊。

2 以中火熱好平底鍋後倒入橄欖油（1 大匙），倒入洋蔥和白米後大致拌炒一下。

3 加入熱水（5 杯・份量外）後烹煮，烹煮過程中可補充熱水，烹煮至米粒完全熟透為止，然後以鹽、白胡椒調味。

4 盛入容器裡，加上萬能蔥花後淋上橄欖油（1 大匙）。

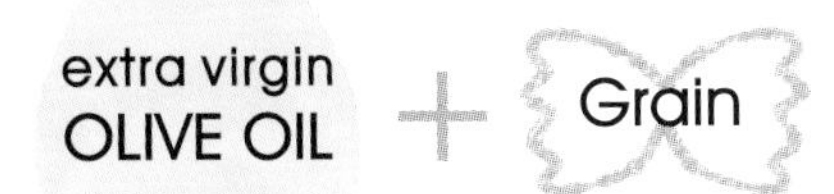

烹煮飯類餐點時大量添加蔬菜，就能烹調成低熱量、高營養價值的美味佳餚。

大量添加蔬菜！蔬菜沙拉飯

材料（2 人份）

材料	份量
小黃瓜	1/2 條
甜椒（紅）	1/2 個
紫色洋蔥	1/4 顆
黑橄欖	4 粒
白米	2/3 杯
A 鹽	1/3 小匙
醋	1 大匙
白胡椒	少許
芥末粒	1 小匙
橄欖油	2 大匙
鮪魚（水煮罐頭）	40g

作法

1 小黃瓜、甜椒、紫色洋蔥分別切成粗末，橄欖輪切成片狀。

2 白米添加熱水（適量・份量外）後炊煮 15 分鐘左右，煮成彈牙有嚼勁的米飯，用開水洗掉黏稠性後確實瀝乾水分。

3 將 A、瀝乾湯汁的鮪魚以及步驟 1 和 2 倒入調理缽裡，攪拌均勻後即可盛入容器裡。

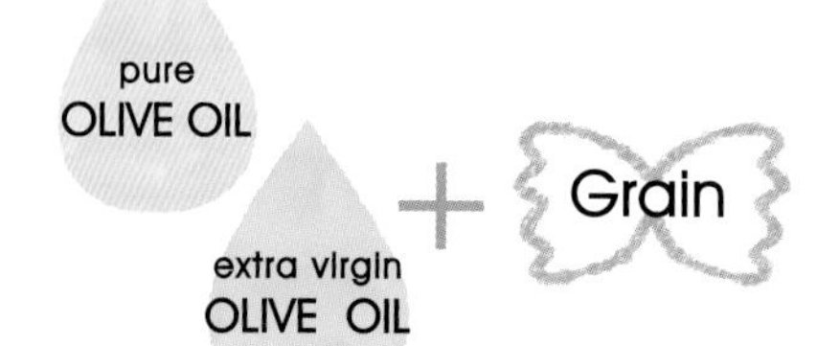

滿滿的一大盤抗氧化作用絕佳的蔬菜！連減重瘦身過程中都能放心地享用，感覺像蔬菜沙拉的義大利麵。

抗氧化作用超群！
蔬菜超澎湃的義大利麵

材料（2 人份）

高麗菜	2 片
甜椒（紅）	1/2 個
洋蔥	1/2 個
茄子	2 條
櫛瓜	1/2 條
橄欖油	2 大匙
番茄（水煮罐頭）	200g
鹽	2/3 小匙
白胡椒	少許
義大利麵	160g
黑胡椒	少許

作法

1 高麗菜、甜椒、洋蔥分別切成一口大小，茄子、櫛瓜輪切成厚 1cm 片狀。

2 將橄欖油倒入平底鍋裡，以中火加熱後倒入步驟 1，快速拌炒後加入番茄，然後蓋上鍋蓋，悶煮約 10 分鐘後以鹽、白胡椒調味。

3 將熱水（4 杯 · 份量外）和鹽（適量 · 份量外）倒入鍋裡，將義大利麵煮得彈牙有嚼勁後盛入簍子裡。

4 將步驟 3 加入步驟 2，微微烹煮後以鹽、白胡椒（各少許 · 份量外）調味，然後淋上橄欖油。盛入容器後撒上黑胡椒。

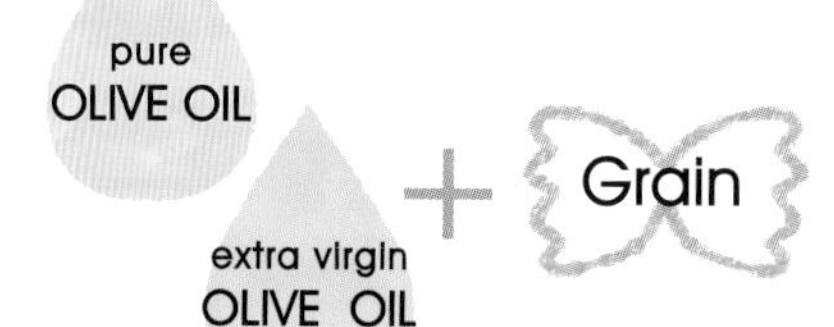

蛤蜊中的「**牛磺酸**」具備增進肝臟功能、促進代謝等作用！亦具備預防肥胖或生活習慣病等效果。

蛤蜊油漬沙丁魚的香蒜辣椒義大利麵

材料（2 人份）

蒜頭……1 瓣
紅辣椒……1 條
橄欖油……2 大匙
蛤蜊（吐沙後）……200g
鹽……2/3 小匙
義大利麵……160g
油漬沙丁魚（罐頭）……1/2 罐
羅勒（乾燥）……適量

重點整理

濱內流在燙煮義大利麵時，會使用平底鍋以少量的熱水燙煮。若最後水分都收乾，也可以從頭到尾只用一個平底鍋來烹煮義大利麵。

作法

1 蒜頭切薄片。紅辣椒可去籽（不吃辣的人）。

2 以中火熱好平底鍋後倒入橄欖油（1 大匙），倒入步驟 1 後拌炒。添加蛤蜊後迅速地拌炒一下，加水（1 杯 · 份量外）後等蛤蜊張開即可取出。

3 將熱水（4 杯 · 份量外）倒入鍋裡後加鹽，燙煮義大利麵約 5 分鐘後撈到簍子裡。

4 將步驟 3 倒入步驟 2 的平底鍋裡，邊煮、邊讓麵吸收湯汁，中途煮乾水分時可加熱水，煮成彈牙又有嚼勁的義大利麵。將步驟 2 的蛤蜊倒回鍋裡。添加油漬沙丁魚和羅勒後，以鹽、白胡椒、（各少許 · 份量外）調味，淋上橄欖油後盛入容器裡。

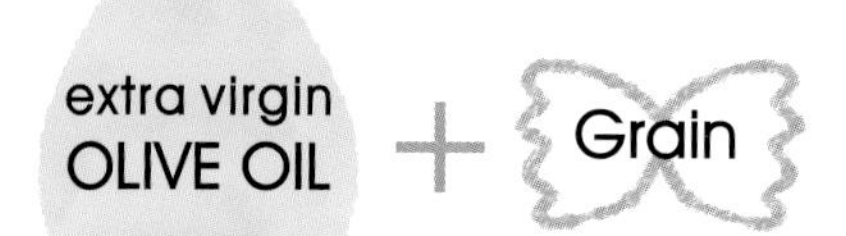

使用鮪魚罐頭時，建議選用低熱量的「水煮」鮪魚，避免使用「油漬」類型，再利用橄欖油補充好品質油脂成分。

鮪魚番茄通心麵

材料（2人）

番茄……1顆
鮪魚（水煮罐頭）……1/2罐（80g）
通心麵……100g
鹽……1/3小匙
白胡椒……少許
芥末粒……1小匙
橄欖油……2大匙

作法

1 番茄去蒂後大致切塊。鮪魚濾掉水分。

2 鍋裡多煮一些熱水（份量外）後加鹽（少許・份量外），再依據記載時間燙熟通心麵後倒入簍子裡。

3 將步驟1、鹽、白胡椒、芥末粒倒入調理缽裡，添加步驟2後拌勻，再淋上橄欖油。

重點整理

這道蔬菜沙拉通心麵烹調重點在於使用芥末粒。常備芥末粒使用起來更方便。平常的餐點添加少許就能變身為更美味的佳餚。

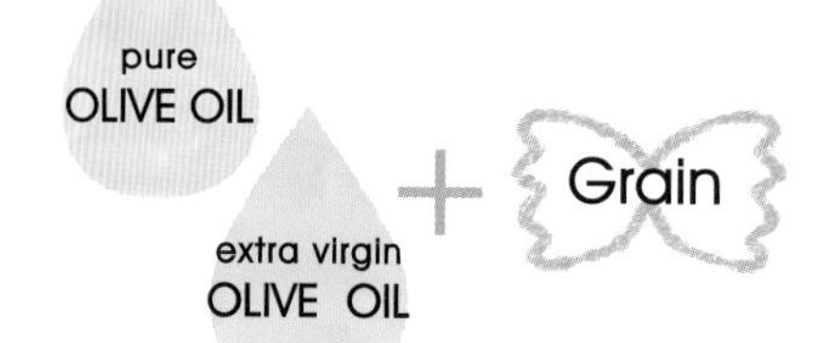

一人份使用1包「**膳食纖維**」很豐富的菇蕈類食材，完成效果超強的瘦身義大利麵。

結合菇蕈類和堅果類食材的油拌義大利麵

材料（2人）

鴻禧菇……1包
雪白菇……1包
杏仁……30g
橄欖油……2大匙
鹽……2/3小匙
義大利麵……160g
萬能蔥……少許

作法

1 雪白菇去除蒂頭端部後分成小朵。杏仁切成小顆粒。

2 以中火熱好平底鍋後倒入橄欖油（1大匙），倒入步驟1後拌炒。

3 鍋裡裝水（4杯・份量外）後加鹽（2/3小匙），將義大利麵煮得彈牙又有嚼勁後撈到簍子裡。

4 將步驟3加入步驟2後拌勻，然後以鹽、白胡椒（各少許・份量外）調味，再撒上切成蔥花的萬能蔥，淋上橄欖油。

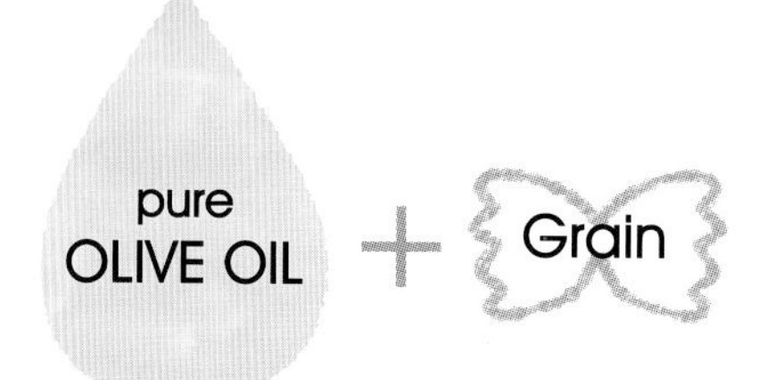

「牛奶換成豆漿」、「奶油換成橄欖油」，完成減重瘦身的人也能安心吃的法式烤土司麵包。

豆漿口味的法式烤土司麵包

材料（2 人份）

法國麵包……6cm
雞蛋……1 顆
砂糖……1 大匙
清豆漿……1/2 杯
橄欖油……2 大匙
起司粉……少許
黑胡椒……少許

作法

1 法國麵包切成厚 1cm 片狀。

2 將打勻的蛋液、砂糖、豆漿倒入調理缽裡，加入豆漿後攪拌，然後倒入淺盤裡。

3 將步驟 1 泡入步驟 2，讓兩面都浸泡到蛋液。

4 以中火熱好平底鍋後倒入橄欖油（1 大匙），放入步驟 3 後將兩面煎成金黃色，翻面後添加橄欖油（1 大匙）再煎成金黃色。盛入容器後撒上起司粉、黑胡椒。

不使用奶油，添加橄欖油後烤出來的手工麵包。因為是自己動手做，所以建議選用好品質油脂。

快發烤麵包

材料（2 人份）

低筋麵粉 ……………… 200g
泡打粉 ……………… 1 小匙
鹽 ……………… 少許
黑胡椒 ……………… 少許
橄欖油 ……………… 2 大匙

作法

1 將低筋麵粉、泡打粉、水（1/2 杯・份量外）、鹽、黑胡椒倒入調理缽裡攪拌均勻，添加橄欖油後大致攪拌一下，然後揉成橢圓形，擺在鋁箔上。

2 將步驟 1 放入預熱的烤箱裡，以 200℃烤 10 ～ 13 分鐘，烤成金黃色。發現快要烤焦時，可中途覆蓋鋁箔，再繼續烤到熟透為止。

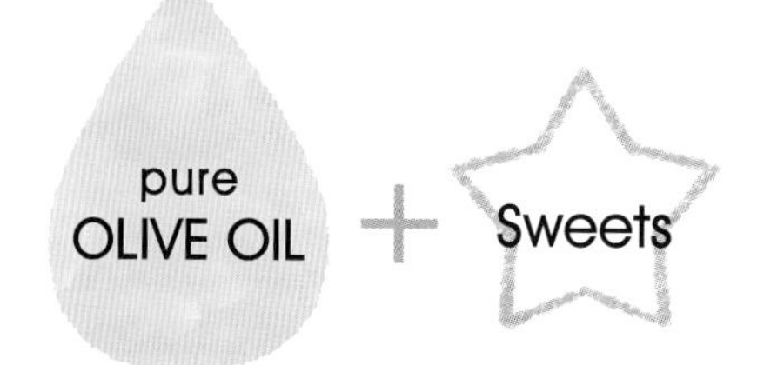

大豆的營養最豐富，所含**「維生素B群」**具燃燒脂肪、脂質作用，**「膳食纖維」**具促進排便效果。

搭配水果的大豆、豆漿薄煎餅

材料（4 片份）

雞蛋……1 顆
砂糖……1 大匙
低筋麵粉……100g
清豆漿……1 又 1/4 杯
橄欖油……2 又 1/4 大匙
大豆（水煮）……160g
奇異果……適量
覆盆莓……適量
藍莓……適量
薄荷（新鮮）……適量
糖粉……適量

作法

1 將已經打勻的蛋液、砂糖倒入調理缽裡，攪拌均勻後少量多次添加低筋麵粉和豆漿，再攪拌均勻。添加橄欖油（2 大匙）後攪拌均勻。

2 以中火熱好平底鍋後倒入橄欖油（1/4 大匙），接著倒入大豆，再倒入步驟 1，先將表面攤平，再將兩面煎成金黃色，共煎 4 片。

3 將步驟 2 盛入容器裡，再將奇異果、覆盆莓、藍莓和薄荷擺在旁邊，然後以濾茶器撒上糖粉。

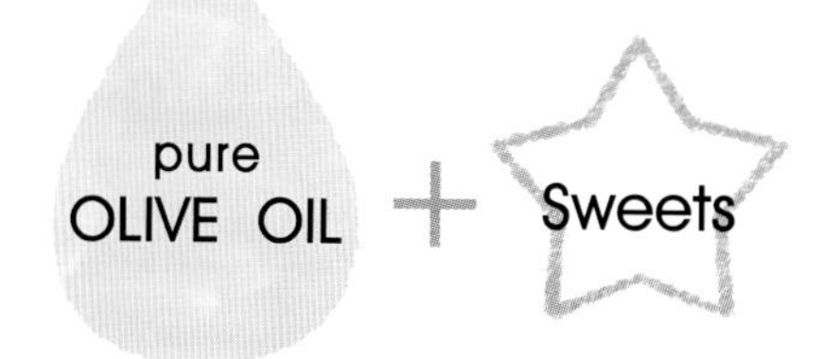

甘藷富含「**膳食纖維**」、「**維生素C**」成分，攝取後有助於消除腹脹等解決惱人的問題。

橄欖油烤甘藷泥

材料（4個份）

甘藷（小）……1條
雞蛋……1顆
砂糖……2大匙
橄欖油……2大匙
清豆漿……2大匙

作法

1 甘藷連皮一起切成一口大小。

2 將步驟1倒入鍋裡，加水至剛好可覆蓋甘藷後烹煮，煮熟後瀝乾水分，剝除外皮後以叉子背等搗碎。

3 雞蛋分離蛋白和蛋黃後分別打成蛋液。

4 將步驟3的蛋白、砂糖加入步驟2，添加橄欖油後攪拌均勻。添加豆漿後調整軟硬度，然後分成四等份，倒入耐熱容器裡。

5 撫平表面後塗抹步驟3的蛋黃液，放入預熱的烤箱裡，以200℃烤約5分鐘，烤成金黃色。

以橄欖油取代奶油，再加上富含於核桃中的好品質油脂「α－次亞麻油酸」。

作法超簡單的橄欖油烤餅

材料（12 個份）

核桃……20g
雞蛋……1 顆
砂糖……3 大匙
清豆漿……1 又 1/2 大匙
橄欖油……3 大匙
低筋麵粉……100g

作法

1 核桃以菜刀切成粗粒。
2 將蛋液、砂糖、豆漿、橄欖油倒入調理缽裡，再攪拌均勻。添加步驟 1、低筋麵粉後大致攪拌一下。
3 烤盤鋪上烤紙後，利用湯匙杓入步驟 2，共分成 12 等份。
4 將步驟 3 放入預熱的烤箱裡，以 200℃烤 8 ～ 9 分鐘，烤成金黃色。

INDEX

PROFILE

濱內千波（Hamauchi Chinami）

生於日本德島縣，1980年於東京都中野坂上成立Family Cooking School。2005年遷往東中野，著手整合烹飪教室及攝影簡報設施。2006年創立<Chinami>廚具品牌。「希望能更深入地研究家庭料理」，2012年秉持此信念重新設立Family Cooking School Lab，以「家庭料理是一件充滿著夢想與樂趣的工作」為宗旨，積極參與電視演出、演講活動、各種料理講習會，廣泛接受食品廠商、外食產業、流通業、住宿飯店業、廣告業等活動邀約。著有《朝に効くジュース夜に効くジュース》、《浜内千波の豆好き！ダイエット・レシピ》（PHP研究所）等書籍。

TITLE

橄欖油清新料理　瘦了小腹、美了臉蛋

STAFF

出版	瑞昇文化事業股份有限公司
作者	濱內千波
譯者	林麗秀
總編輯	郭湘齡
責任編輯	黃美玉
文字編輯	黃雅琳
美術編輯	謝彥如
排版	六甲印刷有限公司
製版	明宏彩色照相製版股份有限公司
印刷	桂林彩色印刷股份有限公司
法律顧問	經兆國際法律事務所　黃沛聲律師
戶名	瑞昇文化事業股份有限公司
劃撥帳號	19598343
地址	新北市中和區景平路464巷2弄1-4號
電話	(02)2945-3191
傳真	(02)2945-3190
網址	www.rising-books.com.tw
Mail	resing@ms34.hinet.net
初版日期	2014年10月
定價	250元

國家圖書館出版品預行編目資料

橄欖油清新料理：瘦了小腹、美了臉蛋! / 濱內千波著；林麗秀譯. -- 初版. -- 新北市：瑞昇文化, 2014.09
128面；　21x14.8公分
ISBN 978-986-5749-71-2(平裝)

1.食譜 2.橄欖油

427.1　　103017771